U0349632

荨麻

营养价值及加工贮存技术

◆ 张晓庆 金艳梅 著 ——————

中国农业科学技术出版社

图书在版编目（CIP）数据

荨麻营养价值及加工贮存技术／张晓庆，金艳梅著 . —
北京：中国农业科学技术出版社，2015.12

　ISBN 978-7-5116-2476-5

　Ⅰ.①荨…　Ⅱ.①张…②金…　Ⅲ.①荨麻科–营养价值
②荨麻科–粮食贮藏　Ⅳ.①Q949.737.5

　中国版本图书馆 CIP 数据核字（2015）第 301550 号

责任编辑	闫庆健　张敏洁
责任校对	贾海霞

出　版　者	中国农业科学技术出版社
	北京市中关村南大街 12 号　邮编：100081
电　　　话	（010）82106632（编辑室）　（010）82109702（发行部）
	（010）82109709（读者服务部）
传　　　真	（010）82106650
网　　　址	http://www.CASTP.cn
经　销　者	各地新华书店
印　刷　者	北京华正印刷有限公司
开　　　本	850mm×1 168mm　1/32
印　　　张	3.25
字　　　数	82 千字
版　　　次	2015 年 12 月第 1 版　2015 年 12 月第 1 次印刷
定　　　价	16.00 元

前　言

优质饲草是草食家畜高效生产的保障，也是畜产品质量安全的根本。我国非常支持苜蓿等优质饲草种植及粮改饲与种养结合发展模式，并将其列入 2015 年中央 1 号文件。然而，由于我国土地资源紧缺，种草与种粮往往显现争地矛盾。苜蓿品质虽好，但种植耗水喜肥，只有在环境条件好的地区才能达到高产优质。像北方干旱地区，特别是牧区半牧区，种植苜蓿年年成活是个很大的问题。与之不同，荨麻家族植物生态适应性强，可在多种生态环境中生长，十分耐贫瘠和干旱；而且，其成活时间长达 30 年，产量达 15t 干草/hm²；更重要的是，其营养价值可与苜蓿媲美。开发利用荨麻资源，不仅可以为草牧业发展开辟新的优质饲草资源，还可以借助其营养特性提升畜产品质量，降低饲养成本。

荨麻用作中草药，已广为人知，但是用作饲草，人们却了解很少。民间虽然很早就食用荨麻菜肴，也用来喂猪喂鸡，但仅限于晒干、打浆等最简单的应季利用，而对它们的生理特性、营养价值、适宜收获时期及高效加工利用技术并不完全清楚。针对这些问题，本书从荨麻资源的生态生物学特性、不同生育期营养价值评价、加工保存方法和驯化栽培四个方面进行了详细的介绍。其中，着重分析了在内蒙古分布较广的麻叶荨麻的营养价值、饲用品质及其季节动态变化规律，明确了最佳收获时期和可青贮性，并提出了优质青贮技术。

编者对荨麻的研究开始于 2004 年，先后经过两个课题组的不懈努力，在内蒙古锡林郭勒盟正蓝旗桑根达来镇成功建植了"10 年不死"麻叶荨麻田，并解决了麻叶荨麻及类似高水分高蛋白饲草青贮保存困难的问题。部分研究结果发表在《Grass and Forage Science》《草业学报》《草地学报》等国内外学术刊物上。现将相关研究内容整理出版，以期让更多的草牧业工作者对这一特色资源有所了解，有所利用，破除高品质饲草唯苜蓿专属的传统观念。当然，由于科技发展日新月异，而著者水平有限，实难囊括相关荨麻的方方面面，疏漏与错误之处敬请读者指正。

本书的出版得到中国农业科学院科技创新工程和国家自然科学基金专项资金的支持，在此表示衷心感谢。同时，特别感谢赵山志老师无私提供有关驯化栽培的数据。

著　者

2015 年 12 月

目　　录

第一章

荨麻资源概况

荨麻（Urtica spp.）是传统的药用植物，对风湿、糖尿病、高血压等多种疾病有显著疗效，宋代《图经本草》和明代《本草纲目》对此早有记述。荨麻还是一种优质饲草资源，营养价值十分丰富，富含蛋白质、维生素和矿物质。我国荨麻分布广泛，资源丰富。针对目前我国农业资源短缺，蛋白质饲料紧缺，人畜争粮矛盾突出的现实问题，开发利用荨麻作为畜禽饲草，具有广阔的应用前景。一方面，可以广泛利用地方优质饲草资源，提高优质饲草区域自给率；另一方面，还能发挥荨麻的药用功能，提高畜禽健康水平，降低饲养成本。

第一节　生态生物学特性

荨麻，俗名炫麻、白活麻、青活麻，英文名 Nettle，为被子植物门，荨麻科（Urticaceae），荨麻属（Urtica. L），一年生或多年生草本植物，主要分布在北半球温带、亚热带地区（候宽昭，1982）。荨麻属植物生长迅速，生命力强，据牧民观察，可以存活 30 多年。适应性强，特别能耐旱、抗寒、耐贫瘠，可在多种生态环境中生长，甚至可在十分贫瘠和干旱的环境中生长。荨麻原产于欧亚大陆，后被传播到世界各国。目前，全世界荨麻属植物约有 50 种，在我国、朝鲜、日本、蒙古、俄罗斯等国均有分布。我国有 23 种，包括 16 品种、6 亚种、1 变种，全国各地皆有分布，其中，以西南、西北、华北、东北等地分布最为广泛。

一、麻叶荨麻（*U. cannabina*）

麻叶荨麻，也叫焮麻、哈拉海、哈拉盖（蒙名）、火麻（甘肃）、蝎子草、赤麻子（河北）。为多年生草本植物，全株被柔毛和螫毛，横走的根状茎木质化。茎直立，高 50~200cm，四棱形，常近于无刺毛，有时疏生螫毛和短柔毛，螫毛透明；丛生，少数分枝；叶片轮廓五角形，长 4~13cm，宽 3.5~13cm，掌状 3 全裂、稀深裂，裂片再成缺刻羽状深裂或羽状缺刻，小裂片边缘具疏生缺刻状锯齿，自下而上变小，在其上部呈裂齿状；二回裂片常有数目不等的裂齿或浅锯齿，上面只疏生细糙毛。叶柄长 2~8cm，生刺毛或微柔毛；叶托每节 4 枚，离生，条形长 5~15mm，两面被微柔毛。花雌雄同株，雄花序圆锥状，长 5~8cm；雌花呈穗状，长 2~7cm。瘦果狭卵形，顶端锐尖，表面有明显或不明显的褐红色疣点。花期 7—8 月，果期 8—10 月。图 1-1 描绘了麻叶荨麻的叶片形态特征，可以作为参照具体了解其特征，便于实践中准确辨认。

麻叶荨麻产于新疆维吾尔自治区（以下称"新疆"）、甘肃、四川西北部、陕西、山西、河北、内蒙古自治区（以下称"内蒙古"）、辽宁、黑龙江、吉林、宁夏回族自治区（以下称"宁夏"）和青海（王文采和陈家瑞，1995）以及蒙古、俄罗斯西伯利亚、中亚、伊朗和欧洲也有分布。生长在海拔 800~2 800 m 的丘陵性草原或坡地、沙丘坡地、河漫滩、河谷等地。多生于人、畜经常活动的山野路旁和居民点附近（马毓泉，1990），因此，也被认为是一种伴人植物。

全草入药，能祛风除湿、解毒、温胃，主治风湿、胃寒、糖尿病、产后抽风、荨麻疹，也能解虫蛇咬伤之毒等。瘦果含油约20%，可供工业用。嫩茎叶可作蔬菜食用。青鲜茎叶晒干粉碎后做成青干饲料，牛、羊、骆驼及家禽都喜食（崔友文，1959）。茎皮纤维可做纺织和制绳索的原料。

二、狭叶荨麻（*U. angustifolia*）

狭叶荨麻，也叫螫麻子（东北）、哈拉海（蒙名）。多年生草本植物，有木质化根状茎，全株密被短柔毛与疏生螫毛。茎直立，高40~150cm，四棱形，疏生刺毛和稀疏的细糙毛，分枝或不分枝。叶对生，矩圆状披针形或狭卵状披针形，长4~15cm，宽1~3.5cm（或1~5.5cm），先端长，渐尖或锐尖，基部圆形，边缘有粗锯齿；叶柄较短，长0.5~2cm，疏生刺毛和糙毛；托叶每节4枚，离生，条形，长5~12mm。花单性，雌雄异株，花序圆锥状，有时分枝而少近穗状，长2~8cm；雄花裂片卵形，外面上部疏生小刺毛和细糙毛；花被片4，在近中部合生，裂叶卵形，外面上部疏生小刺毛和细糙毛；雌花小，近无梗。瘦果卵形或宽卵形，双凸透镜状，长0.8~1mm，近光滑或有不明显的细疣点。花期6—8月，果期8—9月。

狭叶荨麻产于黑龙江、吉林、辽宁、内蒙古、山东、河北和山西以及朝鲜、日本、蒙古、俄罗斯西伯利亚东部也有分布。生于海拔400~2 200m的山地林缘、河谷溪沟边、湿地，也见于山野阴湿处、水边沙丘灌丛间；在水泡边、碎石坡上、山野多荫地及采伐迹地常丛状连片生长；火烧迹地多大面积生长。

全草入药，有怯风定惊、消食通便的功效，用于治疗风湿关节痛、产后抽风、小儿惊风、小儿麻痹后遗症、高血压、消化不良、大便不通；外用可治荨麻疹初起，蛇咬伤。幼嫩茎叶可食，做汤、炒菜、拌凉菜和酱菜等。青鲜时，马、牛、羊和骆驼都喜

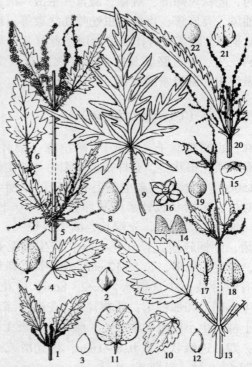

1–3 小果荨麻 *Urtica atrichocaulis* (Hand.–Mazz.) C. J. Chen; 1. 花枝,
2. 雌花, 3. 瘦果。4. 欧荨麻 *U. urens* L.: 叶。5–8. 三角叶荨麻
U. triangularis Hand. – Mazz. subsp. *Triangularis*; 5. 花枝, 6. 叶,
7. 宿存的雄花被, 8. 瘦果。9. 麻叶荨麻 *U. cannabina* L.: 叶。
10–12. 高原荨麻 *U. hyperborea* Jacq. ex Wedd.; 10. 叶及托叶,
11. 瘦果及宿存花被, 12. 瘦果。13–19. 宽叶荨麻 *U. laetevirens*
Maxim. subsp. *laetevirens*; 13. 植株上部与下部, 14. 叶局部放大示钟
乳体, 15–16. 雄花, 17. 雌花, 18. 宿存雌花被, 19. 瘦果。20–22. 狭叶
荨麻 *U. angustifolia* Fisch. ex Hornem; 20. 果枝, 21. 宿存雌花被,
22. 瘦果。

图 1–1　麻叶荨麻

（刘春荣绘，出自中国数字植物标本馆 http：//www. cvh. org. cn/）

食。茎叶含鞣质，可提供栲胶。茎皮纤维是很好的纺织绳索、纸
张原料。

三、宽叶荨麻（*U. laetevirens*）

宽叶荨麻，也叫哈拉海（东北）、蝎子草、蝥麻子、痒痒草（河北、山西）、荨麻（陕南、陇南）、虎麻草（湖北）。多年生草本植物，根状茎匍匐。茎纤细，高 30～100cm，节间较长，四棱形，近无刺毛或有稀疏刺毛和疏生细糙毛，在节上密生西糙毛，不分枝或少分枝。叶常近膜质，卵形或披针形，向上的常渐变狭，长 4～10cm，宽 2～6cm，先端短，渐尖至尾状渐尖，基部圆形或宽楔形，边缘处基部和先端全缘外，有锐或钝的牙齿状锯齿，两面疏生刺毛和细糙毛；叶柄纤细，长 1.5～7cm，向上的渐变短，疏生刺毛和细糙毛；托叶每节 4 枚，离生或有时上部的多少合生，条状披针形或长圆形，长 3～8mm，被微柔毛。雌雄同株，稀异株，雄花序近穗状，纤细，长达 8cm；雌花序近穗状，生下部叶腋，较短，纤细。瘦果卵形，双凸透镜状，长近 1mm，顶端稍钝，成熟时变灰褐色，多少有疣点。花期 6—8 月，果期 8—9 月。

宽叶荨麻产于辽宁、内蒙古、山西、河北、山东、河南、陕西、甘肃、青海东南部、安徽、四川、湖北、湖南、云南和西藏自治区（以下称"西藏"）以及日本、朝鲜、俄罗斯东西伯利亚也有分布。生于海拔 800～3500m 的山谷溪边或山坡林下阴湿处。用途和狭叶荨麻一样。

4. 裂叶荨麻（*U. fissa*）

裂叶荨麻（图 1-2），也叫白蛇麻（四川南川、浙江）、火麻（陕南、陇南、四川）、蛇麻草或白活麻（湖北）。多年生草本，有横走的根状茎。茎自基部多出，高 40～100cm，四棱形，密生刺毛和被微柔毛，分枝少。叶近膜质，宽卵形、椭圆形、五

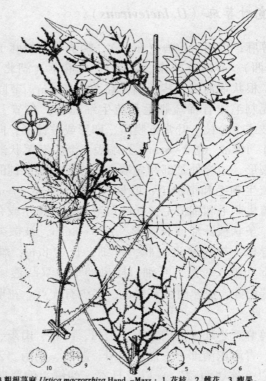

1—3 粗根荨麻 Urtica macrorrhiza Hand. –Mazz.；1. 花枝，2. 雌花，3. 瘦果。
4—5. 滇藏荨麻 U. mairei Levl. var. mairei；4. 花枝，5. 雌花，6. 瘦果。
7—10. 荨麻 U. fissa E. Pritz.；7. 植物中部与上部，8. 雄花，9. 雌花，
10. 瘦果。

图 1-2　裂叶荨麻

（刘春荣绘，出自中国数字植物标本馆 http：//www. cvh. org. cn/）

角形或近圆形轮廓，长 5~15cm，宽 3~14cm，先端渐尖或锐尖，
基部截形或心形，边缘有 5~7 对浅裂片或掌状 3 深裂，裂片自
下而上逐渐增大，三角形或长圆形，长 1~5cm，边缘有数枚不
整齐的牙齿状锯齿，上面疏生刺毛和糙伏毛，下面被稍密的短柔

毛；叶柄长 2~8cm，密生刺毛和微柔毛；托叶草质，绿色，2 枚在叶柄间合生，宽矩圆状卵形至矩圆形，长 10~20mm，被微柔毛。雌雄同株，雄花具短梗；雌花小，几乎无梗。瘦果近圆形，稍双凸透镜状，长约 1mm，表面有带褐红色的细疣点。花期 8—10 月，果期 9—11 月。图 1-2 具体地描绘了裂叶荨麻植株中上部、花和果的形态特征。

裂叶荨麻产于安徽、浙江、福建、广西壮族自治区（以下称"广西"）、湖南、湖北、河南、陕西南部、甘肃东南部、四川、贵州和云南中部以及越南北部也有分布。生于海拔 100m 或者 500~2 000m 的山坡、路旁或者住宅半荫湿处。

全草入药，有怯风除湿和止咳的功效。叶和嫩枝，可做饲草。茎皮纤维，可供纺织用。

五、异株荨麻（*U. dioica*）

异株荨麻，是多年生草本，常有木质化的根状茎。茎高 40~100cm，四棱形，常密生刺毛和疏生细糙毛，少分枝。叶片卵形或狭卵形，长 5~7cm，宽 2.5~4cm，先端渐尖，基部心形，边缘有锯齿，上面疏生小刺毛，下面生稍密的小刺毛和细糙毛；叶柄长约相当于叶片的一半，向上的逐渐缩短，常密生小刺毛；托叶每节 4 枚，离生，条形，长 5~8mm，被微柔毛。雌雄异株，稀同株；花序圆锥状，长 3~7cm，序轴较纤细，雄花序在果时常下垂，疏生小刺毛和微柔毛。雄花具短梗，雌花小近无梗。瘦果狭卵形，双凸透镜状，长 1~1.2mm，光滑。花期 7—8 月，果期 8—9 月。

异株荨麻产于西藏西部、青海和新疆西部，喜马拉雅中西部、亚洲中部和西部、欧洲、北非和北美广为分布。生于海拔 3 300~3 900m 的山坡湿阴处。异株荨麻有 1 个变种、3 个亚种，其中 1 个亚种甘肃荨麻（*U. dioica* subsp. *gansuensis*）是我国所特有，产于甘肃东部和四川西北部。生于海拔 2 200~2 800m 山坡林下。异株荨麻具有抗炎、抗癌作用，还可治疗风湿和一些老年疾病。

综合以上 5 种荨麻的形态学特征可知，不同种或者是相同种不同产地的叶片分裂程度不同。叶片的分裂可能是一种进化的性状，另一方面从性状不稳定的事实也说明荨麻家族植物似乎处在分化中。

第二节 生物活性成分

作为传统药用植物，荨麻对很多疾病具有显著疗效，原因是其含有多种生物荨麻的活性成分，如多糖类化合物、黄酮类、酚类、脂类、有机酸类及其他化合物。

一、多糖类化合物

荨麻中含有的多糖是其抗风湿的有效成分。从荨麻中分离出的多糖类化合物，包括鼠李糖、甘露糖、阿拉伯糖、半乳糖、葡萄糖和木糖等。卫莹芳等（2001）采用二次醇沉、活性炭脱色、聚酰胺柱吸附等方法测得荨麻（种名不详）多糖含量为 65.3%。药理研究证实，荨麻多糖具有显著的抗炎、抗风湿和增强免疫作用。张盈娇（2006）测得裂叶荨麻多糖含量为（39.70 ± 0.53)%，对大鼠佐剂性关节炎不同发病阶段均有一定抑制作用。Kraus 和 Spiteller（1990）从异株荨麻中分离得到三个萜二醇及其葡糖苷类成分。Neugebauer 和 Schreier（1995）从异株荨麻叶的甲醇提取物中分离得到 3-羟基-α-紫罗兰醇基-β-D-吡喃葡糖苷、3-羟基-5，6-环氧-β-紫罗兰醇基-β-D-吡喃葡糖苷等化合物。Peumans 等 1984 年首次从异株荨麻根中分离得到一种植物蛋白，具有黏附红细胞的特殊作用，命名为异株荨麻凝集素

(*U. dioica agglutinin*，UDA）。荨麻植株的各个部位都有 UDA，特别是根部。UDA 是一种混合物，由 11 种不同的外源凝集素构成，每种蛋白都含有 80~90 个氨基酸，分子量为 8 300~9 500 Da，是一种单链多肽，通常与几丁质结合并具有凝集活性，包括两个半胱氨酸和几丁质结合的区域，这些区域与橡胶蛋白具有高度同源性。UDA 成分具有消炎、抗病毒作用，能抑制病毒中花生四烯酸代谢，可以诱导 T-淋巴细胞通过特殊形式合成细胞。Ramm 和 Hansen（1995）进行的体外试验结果显示，UDA 能阻碍 HIV 病毒、巨细胞病毒和呼吸道合胞体病毒、A 流感病毒的活动。

二、黄酮类化合物

荨麻含有的黄酮类化合物主要是黄酮醇及其苷类，如异鼠李素、槲皮素、山奈酚等。Saeed 等（1996）从荨麻属植物中分离出六种黄酮类化合物，分别为槲皮素 3-D-半乳糖苷、万寿菊素 3-O-芸香糖苷、异鼠李素 3-O-半乳糖苷、万寿菊苷、万寿菊素 3-O-葡萄糖苷、山奈酚 7-O-芸香糖苷、万寿菊素。到目前为止，已分离得到多个黄酮类化合物，分属黄酮、黄酮醇类，其中以黄酮醇及其苷类为多。如，山奈酚、山奈酚-3-O-葡糖苷、异鼠李黄素、异鼠李黄素-3-O-芸香苷、异鼠李黄素-3-O-新橙皮苷、槲皮素、槲皮素-3-O-半乳糖苷（金丝桃苷）、槲皮素-3-O-芸香苷等和黄芩素-7-O-α-L-鼠李糖苷、芹菜素-6，8-二-C-β-D-葡糖苷（张嫚丽等，2005）。这类化合物具有抗病毒、抗氧化、抗肿瘤、抗炎、抗菌、增强免役、美容保健等重要的生理生化功能，还具有降血压、降血脂、抗血栓和保护心血管等作用。

三、酚类及脂素类化合物

Kraus 和 Spiteller（1990）采用 GC-MS 方法对异株荨麻根提取物进行分析，鉴定出 18 个苯酚类及 8 个木脂素类化合物，还有一些苷类成分。其中，酚类化合物有香草酸、香草醛、水杨醇、高香草醇和七叶内酯等；木脂素类有脱氢异落叶松脂素、（+）-异落叶松脂素、（-）-裂环异落叶松脂素、5-甲氧基-8-羟基裂环异落叶松脂素、5-甲氧基裂环异落叶松脂素、橄榄脂素、2-（4-羟基-3-甲氧基苯基）-3-羟甲基-4-（4-羟基-3-甲氧苯基）羟甲基四氢呋喃和（+）-新橄榄脂素等。Schottner 等（1997）从异株荨麻中分离得到 β-谷甾醇-O-β-D-吡喃葡糖基-（1→4）-O-β-D-吡喃阿糖苷、7β-羟基谷甾醇-3-O-β-D-葡糖苷、7α-羟基谷甾醇-3-O-β-D-葡糖苷及 24R-乙基-5α-胆甾烷-3β、6α-二醇、甘油三酯、甾醇酯、甘油二酯、半乳糖甘油二酯、磷脂、豆甾-4-烯-3-酮、豆甾醇和菜子油醇等。荨麻根中的木脂类与性激素结合球蛋白均能很好地亲和，这种亲和作用有益于治疗前列腺增生（BPH）。

四、有机酸类

荨麻还含有多种有机酸。对荨麻水提物进行分析，并鉴定出富马酸、苹果酸、碳酸、甲酸、咖啡酰苹果酸、绿原酸、硅酸、柠檬酸、甘油酸、熊果酸、磷酸、奎尼酸、琥珀酸和香豆酸和香豆酸酯及（9Z，11E）-13-羟基-9，11-十八碳二烯酸等；还含有胆碱、组胺、5-羟色胺、鞣质、香叶木苷（Diosmin）等致敏物质；根及根茎含有生物碱，以甜菜碱为主，并有挥发油。

第三节　应用功能

一、医药功能

我国药用荨麻属植物的历史悠久,始载于《益部方物略记》。书中记载,荨麻具有祛风通络、平肝定惊、消积通便、解毒等功效。裂叶荨麻(*U. fissa*)和宽叶荨麻(*U. laetevirens*)已被收入我国《卫生部药品标准》1995 年版(藏药)第一册。提取物具有抗菌、抗艾滋病毒、抗肿瘤、抗炎和抑制前列腺增生、抗过敏、增强免疫、活血等作用。

世界各国对荨麻属植物的医药作用进行了大量研究。Yarnell(1998)报道,17 世纪,Culpeper 推荐用蒸煮或提取荨麻的根、叶汁液,治疗哮喘和咽炎。在欧洲国家,荨麻叶被用于利尿和输导经血,治疗传染病、肾炎、痛风、坐骨神经痛和关节炎。特别是,德国人用荨麻治疗头痛和关节炎,疗效胜过阿司匹林同类药物。20 世纪,美国内科医生用荨麻治疗腹泻、痔疮、出血、肾炎、湿疹、慢性肠炎、尿结石。Toldy 等(2005)研究发现,荨麻能影响小鼠大脑的生理功能,减少自由基的浓度,增加大脑AP-1 中 DNA 的结合性。故认为,荨麻是一种有效的抗氧化剂,也可能是一种抗细胞凋亡的补充物,能够促进脑细胞的存活。早在 20 世纪 80 年代,德国在门诊和临床上广泛采用异株荨麻治疗早期良性 BPH。后来逐渐在欧洲其他国家、美国等国家使用。我国在异株荨麻治疗 BPH 的应用较少,主要以提取物出口为主。

二、饮食功能

荨麻不仅营养丰富,而且是合格的绿色食品。嫩茎叶加工的蔬菜、粥或馅饼，味道清雅、味美可口、绿色健康，老年人食用可以润滑肠道、通便解毒。哈斯巴根和苏亚拉图（2008）编著的《内蒙古野生蔬菜资源及其民族植物学研究》以及乌尼尔和哈斯巴根（2005）调查报告中，都强调了野生荨麻的资源优势和民族特色。在欧洲，荨麻植株和叶片被列入食物调味品的天然来源中，也可用来做汤和草药茶。荨麻籽与蜂蜜混合食用，具有强身健肺、增强免疫功能和防癌的功效。

荨麻用作饲料的历史悠久，早在《蜀语》中就有"用叶喂猪易壮"的记载。俄罗斯大力开发利用荨麻作青干饲料，利用嫩绿荨麻直接饲喂家禽或调制成易贮存的青贮饲料和干碎料。国内王瑞云（2003）用荨麻浆饲喂蛋种鸡发现，饲喂荨麻蛋鸡的产蛋率和饲料报酬分别提高了 18%~25% 和 12.13%（$P<0.01$），出售种蛋、雏鸡的经济效益分别提高了 17.7%、46.8%，雏鸡发病率明显减少。

三、纺织功能

古代欧洲人很早就采用荨麻纤维纺织衣物。安徒生童话故事《野天鹅》中的主人公艾丽莎就曾采荨麻为她的哥哥编织衣物。实际上，荨麻茎皮纤维具有良好的物理机械性能，弹性、吸湿和散湿性能好。以利用生物质产业的观点，荨麻的优良特性使其成为纤维素原料的新生力量，在纤维材料上具有创新性和生态性。作为一种野生植物资源，荨麻的野生性优于黄麻和兰麻，抗虫害能力优于棉花，长势旺盛且对土壤要求低。新疆德隆公司在西北部荒地种植了近 1 000 hm² 的麻叶荨麻，纤维年产量达 1 500t，出麻率达 56%。随着消费观念的转变，生态绿色纤维纺织品深受消费者的青睐。

荨麻纤维是开发生态纺织品的亮点，可以利用荨麻纤维良好的吸湿散湿性和生物可降解性开发新型的夏凉用品，也可与各种新型纤维、功能纤维、多组分纤维混纺开发具有特殊风格和性能的家用纺织品。另外，荨麻纤维还可供制绳索、造纸的原料。

四、保健美容功能

荨麻所含有效成分中的甲酸，可延缓细胞衰老，使细胞保持活力、富有弹性；所含鞣酸，可增强皮肤的柔润和光泽；所含的多种维生素，对皮肤的新陈代谢起着重要的保健作用。用荨麻与刺天茄根煎水可取青春痘。

第二章

营养价值评价

　　麻叶荨麻（*U. cannabina*）在我国分布广泛，资源丰富，草产量高，一般为14t/hm²。麻叶荨麻具有很高的营养价值：粗蛋白质（CP）含量最高可达34.4%（干物质基础，DM），铁含量高达1 690mg/kgDM，每千克叶片中有562 mg胡萝卜素、大量钙、镁等矿物质和多种多不饱和脂肪酸（UPFA）组分及所有的必需氨基酸。麻叶荨麻干草中的氨基酸含量，高于相同生长期苜蓿干草中的氨基酸含量（敖特根等，2007）。干制荨麻混合到饲料中，能提高猪的体增重（许长乐，1981）和奶牛的产奶量（Phillips和Foy，1990）。在英国，荨麻（*U. dioica*）是赛马补铁的专用饲草（Allison，1996），而且，对家畜没有毒副作用。

　　由此可见，麻叶荨麻及其家族植物是畜禽很好的饲草来源，可提供大量蛋白质、矿物质、脂肪酸、维生素等营养物质，这些营养物质对家畜具有多种生理生化功能。同时，麻叶荨麻及其家族植物作为高蛋白饲草，对它们的开发利用，对缓解我国优质高蛋白质饲料资源的紧缺也有一定的现实有效性。

第一节 常规营养成分

我国对荨麻属植物营养成分的研究屡见报道（秦元满和魏恩科，2005；敖特根等，2007；邹林有，2012），但就其适宜收获利用期及草品质评价方面的研究报道颇为少见。本研究选择在内蒙古自治区分布较多的麻叶荨麻作为研究对象，通过分析它在不同生长时期的营养成分及其变化规律，探讨成熟度对其营养价值与饲用品质的影响，并利用粗饲料质量评价体系对饲草品质进行评价，以期明确它的最佳收获利用时期，从而减少因收获不当而造成的营养损失，使其在畜牧业生产中更好地发挥作用。

一、材料与方法

1. 试验材料

试验所用全株麻叶荨麻采集于浑善达克沙地腹地内蒙古自治区正蓝旗（115°57′E，42°40′N）。属温带大陆性气候，年平均气温2℃，年降水量300~400mm。一般，1—3月最冷温度为-18~-5℃，降水量很少；6—7月平均温度上升到18℃~21℃，全年60%~80%的降水集中在此时，而且这段时间的降水量对植物生长非常重要，决定了来年植物的生长程度；8月底至9月降水减少，对植物生长所起的重要作用减弱。5月中下旬至9月初是全年无霜期，共有100~115d。土壤以风沙土为主，pH值为8.34~8.69。草场植被主要有克氏针茅（*Stipa krylovi*）、冷蒿（*Artemisia frigida*）、星毛萎陵菜（*Potentilla acaulis*）、糙隐子草（*Cleistogenes squarrosa*）、苔草（*Carex duriuscula*）、羊草（*Leymus chinensis*）构成，草场牧草4月下旬返青，10月中下旬枯黄。在这种环境下，麻叶荨麻的开花期发生在7月至8月上旬。到成熟期，也就是 8 月底至 9 月初，当地农牧民开始收获麻叶荨麻。

2. 样品的采集与制备

于 2008 年 5 月至 2009 年 2 月每月中旬采集一次样品。采集时在当地选择植被构成比较一致的 3 块草场（每块约 20hm²），每块采集 5 个样品，每个样品取样 1kg。用镰刀手工刈割，留茬高度 4~5cm。挑出其中杂草，清理掉根部的杂质和泥沙，阴干，粉碎（SM100 粉碎机，德国）。对于每个分区、每个时间点，每 5 个样品合并成 1 个次级样本，过 40 目筛（0.42mm）标准筛，装入样品袋，备测化学成分。

3. 测定指标与方法

DM、粗灰分（Ash）含量参照 AOAC（1990）方法测定。可溶性碳水化合物（WSC）参照张治安等（2004）方法测定。酸性洗涤纤维（ADF）、中性洗涤纤维（NDF）参照 Van Soest 等（1991）描述的方法，样品不用淀粉酶处理但在中性洗涤液中加无水亚硫酸钠，然后用 FOSS Fibertec 2010 纤维素自动分析仪进行测定。粗脂肪（EE）含量用 FOSS Soxtec 2050（Tecator）脂肪测定仪测定，CP 含量用 RAPID N-III 杜马斯快速定氮仪测定。营养价值分别用粗饲料相对营养价值（Relative Feed Value，RFV）、粗饲料相对质量（Relative Feed Quality，RFQ）和粗饲料分级指数（Grading Index，GI）3 个粗饲料品质评定指数进行评价。计算公式如下：

$$RFV = (DDM \times DMI)/1.29$$

$$RFQ = (DMI \times TDN)/1.23$$

$$GI = (NE_L \times DMI \times CP)/ADF$$

式中，DDM 是可消化干物质；DMI 是干物质采食量；TDN 是总可消化养分；NE_L 是泌乳净能。

RFV 质量评价标准规定：RFV > 151 为特级，品质最好；RFV 124~103 为 2 级，品质良好；RFV 102~87 为 3 级，品质一般；RFV 86～75 为 4 级，品质差；RFV<74 为 5 级，废弃物。

RFQ 评价标准规定：RFQ 值为 140～160 时，适合饲喂泌乳前三个月的乳牛；125～150 时，适用于肉牛或处于生长期的后备小牛；115～130 时，可饲喂维持状态下带双犊子的肉用母牛。

我国 GI 标准则为：GI>53.68 为特级，53.68～33.51 为 1 级，29.29～19.20 为 2 级，16.44～11.13 为 3 级，10.67～6.28 为 4 级，<6.28 为 5 级。

4. 数据处理与统计分析

用 SPSS 11.5 软件包中的单因素分析模型对试验数据进行方差分析，结果用平均数（Mean）±标准差（SD）表示，差异显著时用 Tukey 法做多重比较。

二、结果与分析

麻叶荨麻的养分含量及其积累规律

由表 2-1 可知，生长阶段显著（$P<0.01$）影响麻叶荨麻的水分及养分含量。全株麻叶荨麻的水分含量在开花初期（7 月）最高，为 81.98%，9 月之后快速下降，11 月下降到 10% 左右；营养生长期（5—6 月）粗蛋白质含量高达 25.3%～34.4%，随着生长时间的推移粗蛋白质含量显著下降（$P<0.01$），开花期（7—8 月）降低至平均 17.74%，之后快速下降至 9—10 月的 7.71%～8.95%，10 月枯黄后下降到不足 4%；NDF、ADF 含量则随生长时间的推移而显著地升高（$P<0.01$），5 月最低，开花期（7—8 月）升高到平均 33% 和 30%，籽实成熟（9 月）之后迅速增加，次年 2 月达到峰值，分别为 80%、70%。伴随着生育周期的完成，粗脂肪含量逐步增加（$P<0.01$），结实期最高，为 6.13%，之后显著（$P<0.01$）下降到 12 月的不足 1.0%；青绿时期（5—9 月）的水溶性碳水化合物含量较高，在 6.49%～

13.89%，之后也显著（$P<0.01$）下降，枯黄期降低到 2.50% 以下；全年的灰分含量都较高，在 8% 以上，营养期最高为 25.69%，之后持续下降（$P<0.01$）；有机物质含量的变化规律与灰分相反，呈持续上升趋势。

表 2-1　不同生长时期麻叶荨麻营养成分含量（%，DM）

月份	粗蛋白质 CP	中性洗涤纤维 NDF	酸性洗涤纤维 ADF	脂肪 EE	水溶性碳水化合物 WSC	灰分 Ash	有机物质 OM
5	34.39± 2.12[a]	19.37± 0.19[i]	17.79± 0.11[h]	1.29± 0.02[e]	6.49± 1.84[b]	25.69± 0.65[a]	73.98± 0.65[f]
6	25.29± 0.63[b]	27.83± 0.39[h]	23.25± 0.08[g]	2.16± 0.02[d]	8.42± 1.21[b]	22.95± 0.33[b]	77.05± 0.34[e]
7	18.54± 1.98[c]	32.96± 0.63[g]	28.98± 0.07[f]	2.50± 0.27[c]	6.68± 0.44[b]	19.02± 0.76[c]	80.98± 0.76[d]
8	16.94± 0.63[c]	34.77± 0.09[f]	30.82± 0.40[f]	2.62± 0.05[c]	13.89± 1.20[a]	17.84± 0.96[d]	82.16± 0.96[c]
9	8.95± 0.45[d]	43.26± 0.25[e]	39.72± 0.57[e]	6.13± 0.01[a]	7.90± 0.18[b]	16.18± 0.14[d]	83.82± 0.14[c]
10	7.71± 0.42[d]	55.21± 1.34[d]	48.25± 0.64[d]	3.26± 0.03[b]	2.72± 0.58[c]	14.83± 0.18[d]	85.17± 0.18[c]
11	5.81± 1.14[e]	75.46± 0.15[c]	62.86± 1.14[c]	1.22± 0.02[e]	2.62± 0.59[c]	9.00± 1.10[e]	91.01± 1.10[b]
12	3.69± 0.76[e]	74.97± 0.69[c]	66.06± 0.78[b]	0.99± 0.02[ef]	2.51± 0.25[c]	8.42± 0.68[e]	91.58± 0.68[b]
次年1	3.49± 0.35[e]	77.79± 0.92[b]	67.08± 1.45[ab]	0.72± 0.08[f]	2.37± 1.52[c]	6.76± 0.61[f]	93.24± 0.61[a]
次年2	3.74± 1.30[e]	80.45± 0.28[a]	68.97± 0.19[a]	0.76± 0.04[f]	2.37± 2.73[c]	6.15± 0.83[f]	93.85± 0.83[a]

注：同列数字肩注有不同字母者表示差异显著（$P<0.05$）。下表同

　　麻叶荨麻的最突出的特征是富含蛋白质，最高可达34%DM。开花期粗蛋白质含量18%DM，可以与相同生育期苜蓿中的粗蛋白质含量（16.7% ~ 17.0% DM；INRA，2004；Batal 和 Dale，2007）相提并论。即使生长期末（9—10 月）下降至 8%，也仍

与普通玉米籽实的蛋白质含量相当。来自其它区域的麻叶荨麻同样也显示了这一优异特性。从青海高原西宁市大通县新城乡庙沟采集的全株麻叶荨麻,生长季 (5—9 月) 蛋白质含量为17.0%~35.8%,开花期为 24.5%(邹林有,2012);5 月采自内蒙古大青山麻叶荨麻嫩叶、嫩茎中的蛋白质含量分别为25.16%、9.33%(敖特根等,2007)。Hanczakowski 和 Szymczyk(1992)比较了新鲜荨麻汁液(具体品种不详)与苜蓿、红三叶、天然牧草(以鸭茅和羊茅为主)、大麦、油菜和饲用甜菜 6种饲用植物中的氮含量,发现,荨麻中的氮含量最高、为587mg/mL。而且,开花期麻叶荨麻的纤维含量适中,与相同生长阶段苜蓿中的 ADF、NDF 含量 ($i.e.$ 41.8%、29.5%)相似(INRA,2004)。可见,麻叶荨麻可作为家畜饲粮中蛋白质和可利用纤维的营养源。但是植物体的成熟度越高,粗蛋白质、糖分、矿物质、维生素等成分的含量越低,而纤维组分的含量越高;尤其是枯黄后,叶片凋落,茎秆的木质化程度越高,营养价值也就越低。麻叶荨麻枯黄后茎叶焦脆易破碎,加之茎秆粗大,所以它在青绿期的粗蛋白质含量比枯黄期高出近 10 倍。有研究发现,3 月收割的荨麻叶中的胡萝卜素和维生素 B 比 9 月收割的高 1 倍(张庚华,1993)。

对家畜粗饲料品质的预测,有许多成熟的评价体系。美国的RFV 是在动物可消化纤维(ADF 和 NDF)和干物质采食量(DMI)的基础上,由饲草中的 ADF 和 NDF 含量计算得来。但对于 NDF 含量相同的不同饲草,消化率和 DMI 往往有很大差别,同时中性洗涤纤维消化率也影响 DMI。RFQ 的提出弥补了上述不足,能更好的预测饲草品质。我国制定的饲草营养品质评定 GI 法国家标准(GB/T 23387—2009)是由卢德勋等于 2009年发布,用粗蛋白质和中性洗涤纤维校正家畜采食量和饲草的有效能值,可以兼顾能量和动物的生产性能,比 RFV 和 RFQ 更完善。RFV、RFQ 和 GI 值越高，饲草的饲用品质越好。

麻叶苎麻的饲用品质见表2-2。由表可见，随着生长时间的推移，麻叶苎麻的饲用品质显著（$P<0.01$）降低。幼嫩时期（5月）DMI 最高，之后显著降低，11月至次年2月稳定在 1.6%/BW 左右；泌乳净能（NEL）从青绿期的 5.31~7.73 MJ/kg 极显著下降到枯黄期的 2.5MJ/kg 左右；青绿期的 RFV、FRQ 和 GI 值显著（$P<0.05$）高于枯黄期（10月至次年2月）。青绿期 RFQ 值大于 130，10月降低至 89.75，之后快速下降到 11月

表 2-2　不同生长时期麻叶苎麻饲用品质

月份	干物质采食量 DMI（% of BW）	泌乳净能 NEL（MJ/kg）	饲料相对营养价值 RFV	饲料相对质量 RFQ	分级指数 GI（MJ）
5	6.20±0.06[a]	7.73±0.02[a]	360.49±3.15[a]	377.08±3.29[a]	92.63±6.01[a]
6	4.31±0.06[b]	7.13±0.01[b]	236.62±3.06[b]	247.26±3.19[b]	33.43±0.89[b]
7	3.64±0.07[c]	6.50±0.01[c]	187.24±3.76[c]	195.43±3.93[c]	15.13±1.64[c]
8	3.45±0.01[d]	6.29±0.05[c]	173.63±0.40[d]	181.15±0.44[d]	11.93±0.31[c]
9	2.78±0.02[e]	5.31±0.06[d]	124.64±1.69[e]	129.73±1.78[e]	3.32±0.27[d]
10	2.18±0.01[f]	4.37±0.06[e]	86.47±1.04[f]	89.75±1.10[f]	1.52±0.04[d]
11	1.59±0.01[g]	2.40±0.01[f]	46.17±0.16[g]	47.48±0.18[g]	0.22±0.05[d]
12	1.74±0.00[g]	2.28±0.16[f]	45.47±1.51[g]	46.73±1.60[g]	0.31±0.05[d]
次年1	1.54±0.02[g]	2.75±0.13[g]	47.74±0.50[g]	49.21±0.55[g]	0.23±0.01[d]
次年2	1.49±0.01[g]	2.07±0.02[fh]	40.67±0.31[g]	41.73±0.33[g]	0.17±0.06[d]

至次年 2 月的 42~47。GI 值的变化范围较大，营养期为 33.43~ 92.63MJ，之后显著（$P<0.01$）下降到开花期（7—8 月）的 11.93~15.13MJ，9 月开始快速下降到 3.32MJ，枯黄期不足 0.5MJ。按照 RFV 质量评价标准，麻叶荨麻 5—8 月的草品质为特级，9 月为 2 级，枯黄期仅为 4 级；按照我国 GI 标准，5—6 月为特级或 1 级，7—8 月为 3 级，9 月至次年 2 月均为 5 级。结合 Moore 和 Undersander（2002）报道的 RFQ 评价标准，麻叶荨麻在营养期和开花期品质优良，适合饲喂泌乳前 3 月的高产乳牛，也适用于肉牛或生长期后备小母牛；成熟期品质较差，可饲喂维持状态的肉牛；枯黄期品质极差，纤维木质化程度很高，有效能值和消化率很低，不能被家畜利用。综合以上论述，与豆科牧草类似，麻叶荨麻乃至荨麻属植物的营养价值和饲用品质都随植物机体成熟度的增加而降低。作为饲草饲喂家畜，其最适收获期是营养期到开花期。如果用作蔬菜，最佳收获利用期是营养期。如果不用作食物，成熟后可为纺织和绳索制造业提供优质纤维。

三、小结

麻叶荨麻是一种富含蛋白质、矿物质和脂肪的优质饲草资源，其中生物活性物质和营养成分，特别是蛋白质和维生素含量到开花期后会快速下降。从综合利用的角度来讲，荨麻资源在营养期适合作蔬菜食用，也是放牧家畜自由采食的最佳时期；开花期适宜晒制干草和调制青贮饲料；成熟期虽然草品质差，但脂肪含量最高，水分含量较低，亦可调制青贮饲料；枯黄后虽然家畜不能利用，但可为纺织、绳索制造业提供优质纤维。

第二节 矿物质

必需矿物元素对动植物正常生长和生产是不可缺欠的，在动植物体内具有重要的营养生理功能。它们主要来源于饲草料，获得数量往往受饲草料种类、土壤性质、气候等生态因子和农业技术（施肥、灌溉等）等的影响。当外界供给不足时，不仅影响生长和生产，还会引起代谢异常、生化指标变化和缺乏症。全世界约有40%的土壤上生长的植物容易出现缺铁症状，而动物铜缺乏症几乎遍布世界各地，许多地方病与所在地区微量元素水平有着非常密切的关系。研究发现，荨麻属植物富含矿物质和维生素。秦元满和魏恩科（2005）对吉林省野生移植狭叶荨麻中的钙、镁、铁、锌、铜等10种无机元素的含量进行了月动态分析，结果表明，从5月到10月狭叶荨麻中的钙、镁平均值分别高达53 748mg/kg、4 814mg/kg；敖特根等（2007）对内蒙古野生麻叶荨麻5月茎、叶中的钾、钠、钙、镁、铁、锰、锌、铜8种元素及B族维生素和胡萝卜素的分析结果表明，麻叶荨麻每千克叶片中含有562mg胡萝卜素和大量的铁、钙、镁元素。但是，不同季节全株麻叶荨麻中必需矿物质含量及其变化规律鲜有文献报道，而且这些微量元素是否对家畜有害也尚不明确。本试验采用野生麻叶荨麻作为试验材料，对其中大量和微量矿物质元素的含量及其季节变化规律以及它们在动植物体内的盈缺状态进行了系统的分析，以期为合理利用荨麻资源及类似牧草提供帮助。

一、材料与方法

1. 样品采集与植被

所用全株麻叶荨麻来源、采集与植被方法同前一节。

2. 测定指标与方法

全株麻叶荨麻中的钾（K）、钠（Na）、钙（Ca）、镁（Mg）、铁（Fe）、锌（Zn）、铜（Cu）、锰（Mn）和铅（Pb）元素的含量用德国产 AAS 原子吸收光谱仪（AAS ZEEnit 700，德国）测定。

3. 数据处理与统计分析

用 SPSS 11.5 软件包中的单因素分析模型对试验数据进行方差分析，结果用 Mean±SD 表示，差异显著时用 Tukey 法做多重比较。

二、结果与分析

1. 麻叶荨麻中的矿物质含量

表 2-3 显示，麻叶荨麻青绿期（5—9 月）的矿物质总量和 K/Na 比值都较高，分别为 11 904~41 639 mg/kg（平均 23 580 mg/kg）和 6.73~92.2（平均 42.6）；枯黄期（10 月至次年 2 月）较低，分别为 3 714~10 517 mg/kg（平均 7 019 mg/kg）和 0.74~6.87（平均 3.42），前者是后者的 3.36 倍和 12.47 倍。钾、镁、钙、钠的平均含量依次为 53 080 mg/kg、52 680 mg/kg、29 019 mg/kg、3 460 mg/kg，铁、锰、锌、铜分别为 577.53、20.41 mg/kg、14.61 mg/kg、4.81 mg/kg。其中，常量元素中钾的平均含量最高，钠最低；微量元素中铁的平均含量最高，铜最低。

表2-3 不同季节麻叶荨麻的矿物元素含量（风干基础）

月份	常量元素（mg/kg）				微量元素（mg/kg）				平均	K/Na
	钙	镁	钾	钠	铁	锌	铜	锰		
5	61 475	84 250	224 525	2 620	1 690	34.6	11.7	56.2	41 639	85.7
6	25 670	66 750	189 575	2 057	805	33.4	7.38	47.4	31 671	92.2
7	34 350	54 625	15 853	1 666	503	14.7	3.92	29.1	11 904	9.51
8	3 815	78 375	17 488	2 600	392	20.3	4.58	39.6	15 240	6.73
9	55 275	75 825	24 020	1 258	532	13.7	5.52	6.33	17 447	19.1
10	24 543	50 325	16 895	2 459	314	14.9	4.41	7.10	10 517	6.87
11	10 450	40 900	11 715	2 117	609	0.43	2.69	7.53	7 321	5.54
12	20 495	22 383	15 068	6 508	462	4.15	2.73	5.58	7 224	2.32
次年1	10 040	29 175	10 663	6 608	281	7.03	2.74	4.15	6 319	1.61
次年2	9 740	11 695	4 995	6 710	189	2.88	2.51	1.20	3 714	0.74
平均	29 019	52 680	53 080	3 460	578	14.6	4.81	20.4	15 300	19.9

　　干苜蓿叶中钙、镁、钾、钠含量分别为 1 380mg/kg、2 020
mg/kg、 20 100mg/kg、 10 100mg/kg， 铁、 锌、 锰、 铜 为
480.04mg/kg、74.36mg/kg、17.84mg/kg、8.81mg/kg（肖玫和
赵仁静，2006）。与之相比，麻叶荨麻全株中钙、镁、钾、铁、
锰含量分别是它的 21 倍、26 倍、3 倍、1 倍、2 倍，但锌、铜含
量较低。胡华锋等（2008）试验中，初花期紫花苜蓿（亮苜-400，
第三年第一茬）钙、铁、锰、锌、铜含量分别为 1.62mg/kg、
447.23mg/kg、35.95mg/kg、28.04mg/kg、16.90mg/kg。本试验
全株麻叶荨麻的钙、铁平均含量较之高，但锰、锌、铜含量较低。
与郝正里等（1993）报道的河西半荒漠地区苜蓿干草相比（铜、
铁、锰、锌含量分别为 9.35mg/kg、228.50mg/kg、1.90mg/kg、
13.45mg/kg），同样发现麻叶荨麻铁、锰含量高而铜含量低。尽
管各地区土壤和气候特征存在差异，但麻叶荨麻表现出了富含钾
和铁，而钠、铜含量较低的特征。不同采集期狭叶荨麻（秦元

满和魏恩科，2005）和其他地区麻叶荨麻（敖特根等，2007）也显示了这一特征。

麻叶荨麻含钾高钠低，K/Na 比值平均为 19.93。内蒙古大青山 5 月麻叶荨麻嫩茎叶中 K/Na 比分别为 171 和 208（敖特根等，2007）。肖玫和赵仁静（2006）报道的苜蓿叶片中 K/Na 比仅为 1.99，钠含量（为 10 100mg/kg）是本试验的 2.92 倍。这可能说明荨麻的耐盐性较苜蓿强。由于 Na^+、K^+ 的半径和水合能相似，钠对钾吸收有明显的竞争性抑制作用，而植物对它们选择性吸收程度的高低是影响植物抗盐能力的一个重要因素。从 K/Na 比值来看，麻叶荨麻对钾具有较强的选择性吸收，最终维持了较高的 K/Na 比值。麻叶荨麻钠较低也与其含有高水平的钾、镁、钙有关。钙对植物碳水化合物和氮物质代谢作用有一定的影响，能清除一些离子（如铵、钼、钠）对植物的毒害作用（内蒙古农业大学草原管理教研室，1989）。Bernstein 等（1995）指出，长期盐胁迫下结缕草细胞变小部分原因是由于钾、钙、镁等营养离子缺乏造成的。周兴元和曹福亮（2005）试验结果表明，抗盐较强的牧草可以维持较低的钠和较高的钾水平。因此可以推测，荨麻根系可能具有较强的过滤能力，抵抗土壤中盐分的吸收。

2. 矿物元素的季节动态变化

从图 2-1 至图 2-8 可看出，随着季节变迁，麻叶荨麻常量元素中钙、镁含量基本呈波动形下降趋势，而钠波动形升高，钾则持续降低；5 月钙、镁、钾含量最高，翌年 2 月最低，钠在 9 月最低，翌年 2 月最高。微量元素铁、锌、铜、锰含量总体呈下降趋势，5 月最高，之后下降，翌年 2 月达到最低。其他研究发现，狭叶荨麻铁、锰、锌、铜含量随着机体成熟而降低，钙、镁含量增加（秦元满和魏恩科，2005）。本试验麻叶荨麻中微量元素变化规律与之一致，但钙、镁变化与之相反。

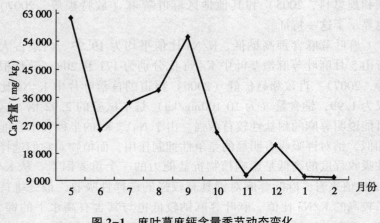

图 2-1　麻叶荨麻钙含量季节动态变化

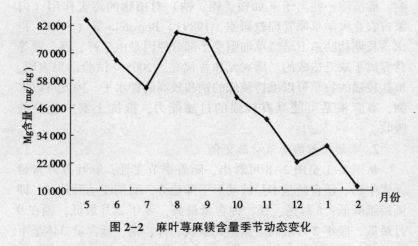

图 2-2　麻叶荨麻镁含量季节动态变化

　　植物中矿物元素的浓度受许多因素的影响，如土壤的酸碱度、生长阶段、气候等。在生长初期的 5 月根中积累的矿物质营养较多，地上生物量较小，根能很好地将其输送到地上茎、叶部

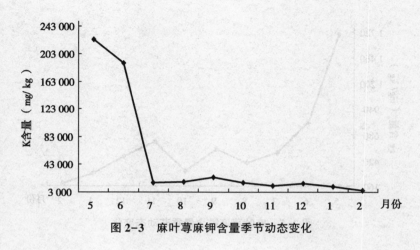

图 2-3　麻叶荨麻钾含量季节动态变化

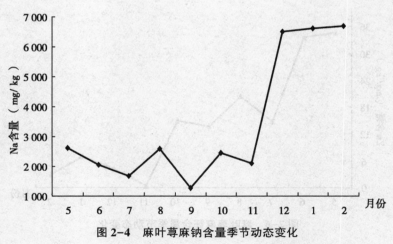

图 2-4　麻叶荨麻钠含量季节动态变化

分，供生长发育。但随植株快速生长，根的吸收量相对减少，对地上部分的供应量也相应减少，其中矿物质含量降低。进入夏季降雨量增多、地上生物量达到最大值，且随着生长速度减慢元素

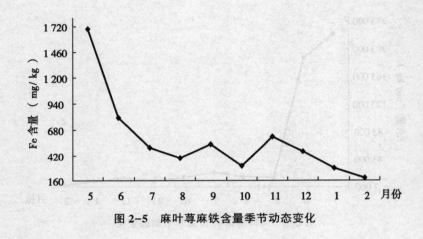

图 2-5　麻叶荨麻铁含量季节动态变化

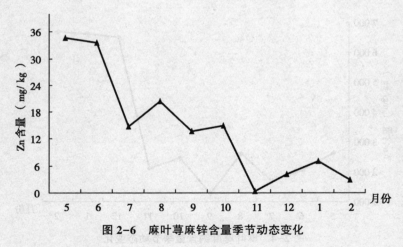

图 2-6　麻叶荨麻锌含量季节动态变化

积累量增大，所以开花期到成熟期的矿物质含量会增加。之后机体开始衰老，各元素含量下降。植株枯黄后绿色体生物量减少，立枯体中含量较低。秦元满和魏恩科（2005）试验结果表明，铁、锰、锌、铜含量随着机体成熟而降低，钙、镁含量却增加。

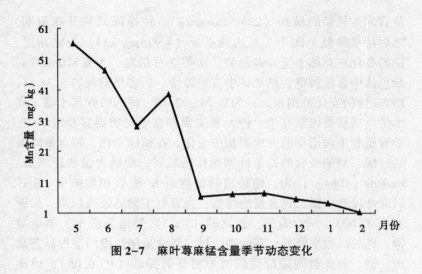

图 2-7 麻叶荨麻锰含量季节动态变化

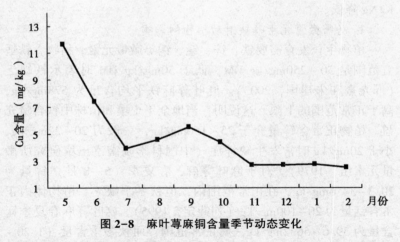

图 2-8 麻叶荨麻铜含量季节动态变化

本试验麻叶荨麻的微量元素变化规律与之一致，但钙、镁含量的变化却相反。麻叶荨麻中的钾含量随生长时间推移而明显降低。

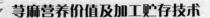

从营养生长期的最高（224 525mg/kg），快速降低到开花前期，之后持续降低至次年 2 月达到最低（4 995mg/kg）。与之相反，钠的变化在总体上呈升高趋势，次年 2 月最高、为 6 710mg/kg，绿色体中含量较低，枯死体中含量骤增，后者是前者的 5.34 倍；K/Na 比的变化范围很大，为 0.74~92.18。钾的吸收与土壤、降水量及气候等因素有关。钾元素主要存在于幼嫩器官和组织中，随着植物生理周期的完成而相应变化。在植株老化，钾含量降低的时候，对钠吸收的竞争性抑制作用减弱，使钠含量快速增加。Kafkafi（1984）认为，钠胁迫时植物对 K[+] 吸收积累减少。9 月后麻叶荨麻中镁、钙含量的降低，也有利于钠的吸收积累。侯振安等（2003）试验表明，氯化钠（NaCl）胁迫条件下，羊草对钾、钙的吸收率降低，茎叶钾、钙、镁含量随盐度的增加显著减少，钠、氯含量则随盐度的增加而显著提高（$P<0.05$），植株 K/Na 降低。

3. 必需微量元素盈缺对动植物的影响

植物生长发育需要铁、锌、锰、铜等微量元素。植物含铁适宜范围是 50~250mg/kg DM，低于 50mg/kg DM 时表示铁缺乏（邢光熹和朱建国，2003）。麻叶荨麻铁平均含量为 578mg/kg，高于正常范围的上限。这说明，当地全年土壤和植株中铁含量充盈。植物正常含锌量介于 25~150mg/kg，一般为 20~22mg/kg，小于 20mg/kg 时常发生缺锌症（中国科学院南京土壤研究所微量元素组，1979）。对于麻叶荨麻，春夏季（5—8 月）锌量为 20.3~34.6mg/kg，在正常范围内，但秋冬季缺乏。植物体内正常含锰量为 20~100mg/kg（刘武定，1995）。麻叶荨麻春夏季锰含量为 39.6~56.2mg/kg，属正常范围，而秋冬季含量（1.20~7.10mg/kg）不及下限的 1/3，锰严重缺乏。植物铜含量一般在 5~20mg/kg，低于 4mg/kg 时植物出现缺铜症状（刘铮，1991）。麻叶荨麻在春夏秋三季的铜含量基本正常，但冬季铜缺乏、含量仅为 2.69mg/kg。麻叶荨麻中锌铁、锰、铜缺乏，主要是因为在浑善达克沙地的碱性风沙土壤中，植物对这些元素的有效吸收和利用效率很低。朱先进等（2009）也指出，下辽河地区微量元素铁、锌含量略低，而锰、铜、铅含量略高主要是由土壤母质的差异而引起的。

铁、锌、锰、铜是畜禽营养中的必需微量元素，但饲草料中所含的量常常不能满足它们的全部需要。由于土壤性质、降雨量、成熟度、土壤和牧草中养分循环等因素的影响，它们某时期在土壤中可能富集或匮乏。比如，麻叶荨麻春节铁含量高达 1 690mg/kg，严重超过 NRC（1996）推荐的牛、羊对饲粮中铁的最大耐受量 1 000mg/kg、500mg/kg。因此，采用春节嫩绿麻叶荨麻饲喂家畜时需要格外小心，切不可多喂，以免引发铁中毒。根据 NRC（1988）推荐的牛对锰、锌、铜的需要量（分别为 40mg/kg、40mg/kg、10mg/kg），春夏季麻叶荨麻可满足牛对锰的需要，而秋冬季严重缺乏；铜仅在 5 月能满足牛的需要，其余季节均不能；锌含量全年均不能满足牛的需要。

三、小结

麻叶荨麻矿物质丰富，富含铁和钾，锌、锰、铜含量较低，各元素平均含量排序为钾>镁>钙>钠，铁>锰>锌>铜。随生长时间推移，钙、镁、钾、铁、锌、铜、锰含量降低而钠含量升高，K/Na 比值较高。植株中全年铁含量充盈，但春季大量饲喂会引起牛羊铁中毒；春夏季植物体中锌、锰含量正常，锰可满足牛的需要，但秋冬季锰严重缺乏；夏秋季铜在植物体内基本正常，除 5 月能满足牛的需要外，其余季节均不能；全年锌含量都不能满足牛的需要。

第三节　脂肪酸

　　时至今日，社会经济不断发展，生活水平逐步提高，随之而来的是人们对食物的精挑细选。就动植物油中的脂肪酸而言，20世纪 90 年代人们反对饱和脂肪酸而提倡不饱和脂肪酸，时下反对反式脂肪酸而崇尚 $n-3$ 脂肪酸。暂且不论饱和脂肪酸是不是心脏病的罪魁祸首，但可以肯定 $n-3$ 系列多不饱和脂肪酸（PUFA）对人体健康是有益的。该系列脂肪酸在人体的每一个细胞和系统中都发挥着重要作用，如，降低血压、防癌、抗氧化，还可使心脏病发病率降低 50%（Siscovick 等，1995）。据敖特根等（2007）测定，5 月采自内蒙古大青山的麻叶荨麻嫩叶、嫩茎中的脂肪酸总量分别达到 510mg/kg、309mg/kg；其中，油酸、亚油酸和亚麻酸等不饱和脂肪酸占脂肪酸总含量的 82% 和 75%。

　　然而，由于水分的散失和光合作用的累积，牧草中的干物质和非结构性碳水化合物会增加（Gregorini 等，2008；Griggs 等，2005），这种化学成分上的变化导致在一天之中牧草提供养分本质上的不同。这种不同不仅体现在已被公认的粗蛋白质和纤维组分（Delagarde 等，2000）等成分上，脂肪酸组分也是如此（Avondo 等，2007）。麻叶荨麻，作为营养丰富且含有多种活性成分的药饲兼用植物，成熟期粗脂肪含量高达 6.13%。其脂肪酸构成模式和各组分含量有何特征，各组分随植株成熟度的提高又有何变化，明确这些信息，对荨麻属植物的开发利用具有重要意义。

一、材料与方法

1. 样品采集与制备
所用全株麻叶荨麻来源、采集与制备方法同"矿物质"节。

2. 脂肪酸组分的测定方法
准确称取 0.5g 麻叶荨麻样品，加入 4mL 氯乙酰甲醇溶液甲酯化，加入正庚烷在 80℃ 水浴中提取 2h，取出后加入 7% 碳酸钾溶液 5mL，摇匀，离心，取上清液装入进样瓶，待上机检测。用 GB/T 22223—2008 气相色谱法测定样品中的脂肪酸含量。色谱条件：毛细管色谱柱（60m × 250μm × 0.25μm），进样温度 260℃，检测器温度 270℃，分流比 20∶1，进样量 1.0μL。每个样品测定 2 次。

3. 数据统计与分析
用 SAS v 8.2 软件包中的 One-way ANOVA 程序对试验数据进行单因素方差分析，差异显著时用 Duncan 做多重比较，结果用 Mean±SEM 表示，当 $P<0.05$ 时视为差异显著。

二、结果与分析

1. 麻叶荨麻中的饱和脂肪酸组分
从表 2-4 可以看出，生长季节对麻叶荨麻中的饱和脂肪酸（SFA）组分 C14∶0、C16∶0、C20∶0、C22∶0 和 C24∶0 均没有显著影响。这些饱和脂肪酸中，C16、C20 和 C24 占优势，占总脂肪酸的比例分别为 11.82%、10.93% 和 11.08%。整个生长季棕榈酸 C16∶0 含量在 9.38%~14.07%（平均 11.82%），7 月为 12.85%，与同一时期 WL319、新疆大叶 2 个品种苜蓿中棕榈酸的含量（分别为 12.78%、15.38%）接近，但低于典型草原天然牧草（25%；张晓庆等，2013）、结荚期花生和杂类草俯仰马唐中的量（分别为 27.9% 和 24.5%；冯德庆等，2011）。棕榈酸和豆蔻酸 C14：0 具有提高血液胆固醇浓度的作用（吴建平等，2001）。

表 2-4　生长季麻叶荨麻中的饱和脂肪酸含量（%）

| | 生长季节 | | | | | | 平均 | SEM | P 值 |
	5 月	6 月	7 月	8 月	9 月	10 月			
C14：0	1.26	2.07	3.18	2.18	1.45	2.76	2.15	0.24	0.102
C16：0	14.07	10.80	12.85	11.53	9.38	12.30	11.82	0.98	0.881
C18：0	2.62[a]	2.83[a]	3.88[a]	3.04[a]	2.78[a]	0.86[b]	2.67	0.30	0.017
C20：0	10.54	10.11	10.93	12.02	5.00	16.94	10.93	1.66	0.580
C22：0	2.87	4.60	5.03	4.40	1.32	3.15	3.37	0.78	0.886
C24：0	11.16	14.13	9.00	11.92	2.01	18.24	11.08	2.71	0.752

注：表中同一行数字肩注有不同字母者表示差异显著（$P<0.05$）

麻叶荨麻中的硬脂酸 C18：0 含量在 0.86% ~ 3.88% 之间，平均 2.67%；生长季节对硬脂酸含量有显著（$P=0.017$）影响，10 月最低，其他月之间没有显著差异；在适合刈割利用的 7 月，其含量为 3.88%，略高于前述 2 个品种苜蓿中的含量（分别为 2.43%、2.70%）。Kohler 等（1999）发现，草食家畜胴体中的硬脂酸与肉品膻味有关。一般，硬脂酸含量越高，膻味越重。研究查明，放牧家畜肉品中的硬脂酸含量显著高于舍饲家畜（Rowe 等，1991；Realini 等，2004；Nuernberg 等，2005）。这也可能是舍饲育肥羊肉膻味较重的原因之一。

2. 麻叶荨麻中的不饱和脂肪酸组分

如表 2-5 所示，生长季节对麻叶荨麻中所有可以检测到的不饱和脂肪酸含量都有显著影响（$P<0.001$）。顺式油酸 C18：1 cis-9 在 5~6 月最低（$P<0.001$），7 月次之，9 月最高达 33.05%；在适合刈割利用的 7 月，其含量是同期 2 个品种苜蓿

平均值的 2 倍（5.06% *vs.* 2.0%）。反式亚油酸 C18：2 trans-6 在 6—8 月的含量为 0.62%~0.77%，但 5 月和 9—10 月都没有检测出该组分（详见图 2-9 和图 2-10 气相色谱图谱）。γ-亚麻酸 C18：3n-6 含量随着生长时间的推移而显著地（$P<0.001$）降低，从 5—6 月的 14.66%~18.85% 下降到 7—9 月的 6.45%~7.90%，到 10 月降至最低 1.69%。

表 2-5　生长季麻叶荨麻中的多不饱和脂肪酸含量（%）

| | 生长季节 | | | | | | 平均 | SEM | P 值 |
	5 月	6 月	7 月	8 月	9 月	10 月			
C18：1 *cis*-9	2.47[c]	2.27[c]	5.06[b]	5.81[b]	33.05[a]	5.87[b]	9.09	3.26	<0.001
C18：2 *trans*-6	0[c]	0.62[b]	0.72[ab]	0.77[a]	0[c]	0[c]	0.35	0.11	<0.001
C18：2 *cis*-6	15.13[bc]	8.12[d]	16.393[b]	18.44[b]	38.64[a]	10.66[de]	17.8	3.02	<0.001
C18：3 n-6	18.85[a]	14.66[a]	6.45[bc]	6.81[b]	7.90[b]	1.69[c]	9.39	1.77	0.0011
C18：3 n-3	7.32[c]	9.08[b]	9.188[b]	12.95[a]	0.82[c]	0[c]	6.56	1.41	<0.001
C20：2	11.93[b]	13.72[b]	8.26[c]	8.22[c]	3.60[d]	24.47[a]	11.70	1.98	<0.001
C20：3 n-3	0[b]	1.24[a]	0[b]	0[b]	0[b]	0[b]	0.21	0.14	<0.001
C20：5 n-3	0[c]	7.52[a]	4.98[b]	0[c]	0[c]	0[c]	2.08	0.92	<0.001

注：表中同一行数字肩注有不同字母者表示差异显著（$P<0.05$）

α-亚麻酸（ALA，C18：3n-3）是重要的 n-3 多不饱和脂肪酸，牧草是其天然来源。生长季羊草（*Leymus chinensis*）含有 48% 的 ALA（张晓庆，2013），新生多年生黑麦草（*Lolium perenne*）和鸡脚草中的 ALA 含有量分别高达 75%（Sinclair，2007），开花期苜蓿中含有 48% 的 ALA（李志强等，2006）。生长季麻叶荨麻中的平均含量为 6.56%。随着生育期的推进，ALA 先升高后降低，从 5 月的 7.32% 升高到 8 月的 12.95%，之后快速降低，10 月从植物体中消失，Avondo 等（2007）发现，黑麦草草地下午 4h 内的 ALA 含量显著高于（$P=0.003$）上午 4h 内的 ALA 含量（68.76% *vs.* 65.18%），这使得下午放牧羔羊肉中 AIA 含量较上午放牧的提高 0.75%（$P < 0.001$），PUFA 提高 3.76%（$P < 0.001$），而 SFA 降低 4.91%（$P < 0.001$）（Avondo 等，2008）。ALA 是反刍家畜瘤胃合成功能性脂肪酸 EPA、DHA（C22：6n-3）和共轭亚油酸（CLA）的前体。Ponnampalam 等（2014）指出，要提高澳大利亚羔羊肉中的 n-3 FA 水平，就必须重视补充饲粮中的 ALA。因此，如果牧草中 ALA 比例不同，很有可能会引起畜体 n-3FA 组分和含量的不同。

麻叶荨麻中的 C20：3n-3 含量 6 月为 1.24%，其他月都没有检出该组分。同批检测的 2 个品种开花期苜蓿中同样也没有测到该组分，从图 2-9 和图 2-10 气相色谱图谱中可以明显看出。C20：5n-3（EPA）含量为 4.98%～7.52%，而且仅在 6～7 月有该组分，其他月并没有峰出现（详见图 2-11 至图 2-17）。EPA 并不是所有牧草中都可能含有的脂肪酸组分。上述 2 个品种开花期苜蓿中就没有该组分（图 2-9 和图 2-10），而且植被构成复杂的克氏针茅典型草原草群中仅有葱属植物野韭、细叶葱分别含有 4.09%、1.66% 的 EPA（平均 2.56%），其他草种中也没有检测到该组分。EPA 和 DHA 同属于 n-3 PUFA，多见于深海鱼类，人体不能合成，必须由食物提供。它们与人体的生理功能密切相关，可维持大脑、视网膜等正常功能和生长发育，具有抑制血小板凝聚、抗血栓、降血脂、提高免疫力、健脑益智等功效，对抑制炎症和部分癌症、糖尿病的发生也有较好的功效。

3. 麻叶荨麻中的总脂肪酸组分

Dewhurst 等（2003）指出，牧草中的脂肪酸含量在春季和秋季较高，而在夏季开花期最低。对于麻叶荨麻，生长季对麻叶荨麻的脂肪酸总量、SFA、PUFA、n-3FA 和 n-6 FA 总量都有显著影响（$P < 0.05$）（表 2-6）。脂肪酸总量在 5 月、10 月较低，而在 6—9 月较高；SFA 总量 9 月最低，5—8 月变化不大；

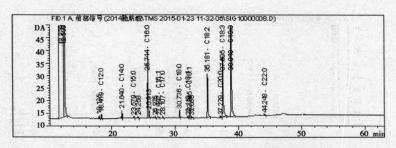

图 2-9 7 月 WL319 苜蓿中的脂肪酸气相色谱图谱

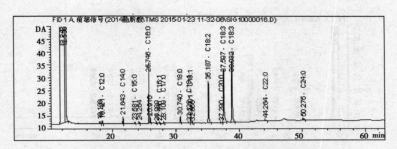

图 2-10 7 月新疆大叶苜蓿中的脂肪酸气相色谱图谱

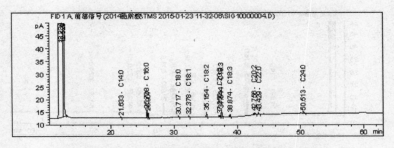

图 2-11 5 月麻叶荨麻脂肪酸气相色谱图谱

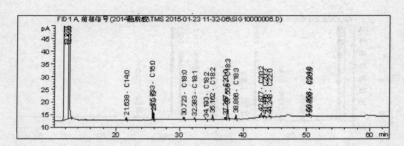

图 2-12　6 月麻叶苎麻脂肪酸气相色谱图谱

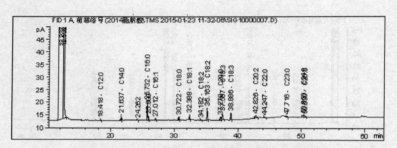

图 2-13　7 月麻叶苎麻脂肪酸气相色谱图谱

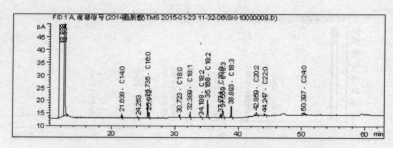

图 2-14　8 月麻叶苎麻脂肪酸气相色谱图谱

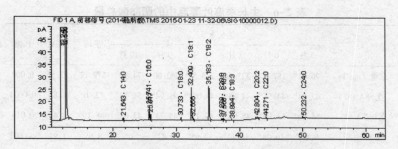

图 2-15　9 月麻叶荨麻脂肪酸气相色谱图谱

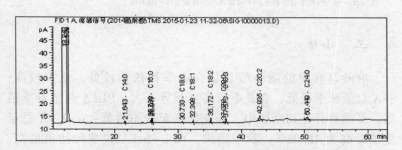

图 2-16　10 月麻叶荨麻脂肪酸气相色谱图谱

PUFA 总量 5 月最高，6—7 月居中，8—10 月最低；n-3 FA 在 6 月最高为 16.08%，之后降低，10 月消失；n-6 FA 在 5、9 月最高，快速降低，6—8 月稳定在 24%~26%，10 月最低；生长季 n-6 FA 平均量是 n-3FA 平均量的 3.12 倍，在适合刈割利用的 7 月麻叶荨麻的 n-6 FA/n-3 FA 比值为 1.66。同一时期 WL319、新疆大叶 2 个品种苜蓿的 n-6/n-3 PUFA 分别 0.72、1.07。如果仅以此为标准评比，那么苜蓿品质略优于麻叶荨麻。毕竟，大多数食物（包括饲草料）中 n-6 FA 过量，而 n-3 FA 不足。

荨麻营养价值及加工贮存技术

表 2-6　生长季麻叶荨麻中的脂肪酸总量

| | 生长季节 | | | | | | 平均 | SEM | P 值 |
	5 月	6 月	7 月	8 月	9 月	10 月			
总量（mg/kg）	76.31[b]	187.17[a]	223.66[a]	273.58[a]	262.00[a]	74.29[b]	179.12	27.55	0.009
∑SFA（%）	42.54[b]	44.54[ab]	44.88[ab]	47.09[ab]	21.94[c]	51.10[a]	42.01	2.88	0.0004
∑PUFA（%）	55.00[a]	53.19[ab]	45.96[bc]	47.19[c]	44.74[c]	43.03[c]	48.19	1.43	0.016
∑n-3（%）	9.08[d]	16.08[a]	14.15[b]	12.95[c]	0.82[e]	0[e]	8.85	1.91	<0.001
∑n-6（%）	33.99[a]	23.40[bc]	23.55[bc]	26.01[b]	40.33[a]	18.56[c]	27.64	2.28	0.002

注：表中同一行数字肩注有不同字母者表示差异显著（P<0.05）

三、小结

　　麻叶荨麻中的脂肪酸总量在春季和秋季较低，夏季较高；SFA 总量秋季最低，春夏季较高且差异不大；PUFA 总量春季最高，夏季和开花初期居中，开花后期至秋季最低；n-3 FA 总量夏季最高为 16.08%，秋季消失，而 n-6 FA 春季和初秋最高，秋末（10 月）最低。SFA 组分中，C16：0、C20：0 和 C24：0 占优势，棕榈酸（C16：0）、硬脂酸（C18：0）的平均含量分别为 11.82%、2.67%；生长季节对 C14：0、C16：0、C20：0、C22：0 和 C24：0 均没有显著影响，但 10 月的硬脂酸含量最低。生长季麻叶荨麻含有 6.56% 的 ALA，开花后期（8 月）含量最高（P<0.001），为 12.95%，春季较低为 7.32%，秋季为 0。生长季麻叶荨麻还含有 2.08% 的 EPA（C20：5n-3），其量 7 月最高（P<0.001），为 4.98%，5—6 月较低，开花后期以后都没有检测到。综合以上所述，花期前是麻叶荨麻的最佳利用时期。

· 40 ·

第四节 毒副作用

《中药大辞典》记载，荨麻茎皮中含有蚁酸（甲酸）、醋酸、酪酸及有刺激作用的酸性成分，如果反刍动物大量采食幼嫩荨麻，多种有机酸在瘤胃内急剧增加会发生中毒。但至今，在畜禽上还未见采食荨麻中毒的报道。人饮用荨麻茶会刺激胃部、皮肤有灼烧感、水肿和尿少。由于荨麻的乙酰胆碱和组胺包含在腺毛中，所以其叶片的刺激性更大。对于小鼠，进入腹膜腔内的半致死量为 3.63g/kg（Riehemann 等，1999），静脉注射的半致死量为 1.92g 荨麻叶/kg；造成大鼠慢性中毒的最小半致死量为 1.31g/kg。Tita（1993）给小鼠和大鼠分别口头灌服和腹腔注射 2.0g/kg 等剂量异株荨麻乙醇提取物后发现，乙醇提取物毒性较小。Yarnell（1998）指出，荨麻"完全没有毒性"，且营养很高。但是，营养期荨麻中的铁含量超过牛羊的最大耐受量，饲喂时应格外注意。

第三章

加工贮存方法

荨麻属植物（*Urtica*）营养价值丰富，但作为非主流的野生牧草，人们对它们的认识比较有限，加工贮存技术简单薄弱，加工储藏过程中造成的营养损失较大。目前，荨麻的加工利用方式主要有晒制干草、鲜草打浆和作蔬菜食用。晒制干草是该荨麻属植物传统的加工利用方法，一般在 8 月底到 9 月初刈割、摊晒、堆垛，在冬春季取用。但是由于该属植物的叶片大、茎秆粗壮，自然晾干所需时间比其他牧草要长，这势必会造成严重的营养损失；而且，该属植物因茎叶生有螫毛（其中含有乙酰胆碱和组胺，具有刺激性），而使它们的适口性较差。而对于鲜草打浆和作蔬菜，往往又受到季节的限制，不能四季随时取用。相比较而言，青贮是一种比较适宜的加工贮存方法。调制青贮饲料不仅可以减少保存过程中的养分损失，还能消除茎叶着生的螫毛、改善适口性。

第一节　添加乳酸菌制剂青贮

对于麻叶荨麻，虽然调制青贮饲料是比较理想的加工利用方法，但是由于其水分含量高达 81%，严重超过成功青贮对原料含水量的要求。更糟糕的是，麻叶荨麻的可溶性碳水化合物（WSC）含量不足 7%，低于青贮发酵对原料糖分条件的基本要求；再加上，麻叶荨麻高水平的蛋白质和灰分使其具有较高的缓冲能，阻碍青贮的快速发酵进程。与苜蓿（*Medicago sativa*）类似（Jaurena 和 Pichard，2001；Wang 等，2009），麻叶荨麻因较低的含糖量和较高的水分与缓冲能而导致较差的可青贮性。如果青贮时不进行添加剂处理，很难成功青贮。

一、材料与方法

1. 原材料

青贮试验所用的原材料是从内蒙古锡林浩特市正蓝旗桑根达来镇新鲜刈割的开花期（7 月中旬）全株麻叶荨麻。用镰刀手工刈割，留茬高度 4~5cm。

2. 添加剂

使用的 4 种乳酸菌添加剂分别为 Micromanager H/M（MH）、Lalsil Fresh（LF）、青宝Ⅱ号（FS）、Lalsil Dry（LD）。其中，MH 可用于青贮干物质含量在 10%~20% 的原料，主要含乳酸菌（*Lactobacillus*）、肠球菌（*Enterococcus*）和小球菌（*Pediococcus*），约 2×10^{11} cfu/kg；LF 主要含乳酸菌（*Lactobacillus*）、纯发酵型乳酸菌（*Microbials*）、乳酸菌接种剂（SBM）；FS 主要为植物乳杆菌（*Lactobacillus plantarum*）、乳酸乳杆菌（*Lactobacillus lactis*）、梭状芽孢杆菌噬菌体（*Clostridium* phage）；LD 主要为乳酸菌（*Lactobacillus*，$>6 \times 10^{10}$ cfu/g）、小球菌（*Pediococcus*，$>2 \times 10^{10}$ cfu/g）、纤维素酶和半纤维素酶（酶活力>20000 UI/g）。

3. 试验设计

分别设对照组和 4 个试验处理组，分别命名为对照、MH、LF、FS、LD。每种添加剂设 3 个添加梯度，以不使用添加剂处理作为对照，共 13 个处理，每个处理 15 次重复。试验开始前先检测乳酸菌添加剂是否失活。在调制青贮的当天用冰盒将所用乳酸菌制剂带至试验现场，所有添加剂及其添加剂量见表 3-1。各处理的第二个添加梯度分别于贮藏分别于贮藏后第 3 天、第 5 天、第 15 天、第 20 天和第 60 天开封取样，检测发酵过程中 pH 值、氨态氮（NH_3-N）浓度和乳酸、乙酸、丙酸、丁酸 4 种有机酸含量的动态变化。

4. 青贮料的调制

将麻叶荨麻切成 2~3cm，按表 3-1 中的添加量加入乳酸菌添加剂，所有添加剂事前用 3mL 蒸馏溶解，可以为每千克新鲜待青贮麻叶荨麻提供>10^8 cfu 乳酸菌。将添加剂与原料充分混合均匀后装入聚乙烯袋，每袋约 150g，用真空包装机抽成真空并封口。室温贮藏 60d。

表 3-1　添加剂与添加量

试验处理	添加剂名称	添加量（g/kg）
对照	无	0
MH1	Micromanager H/M	0.5
MH2	Micromanager H/M	1.0
MH3	Micromanager H/M	2.0
LF1	Lalsil Fresh	0.25
LF2	Lalsil Fresh	0.5
LF3	Lalsil Fresh	1.0
FS1	青宝 II 号	0.0025
FS2	青宝 II 号	0.005
FS3	青宝 II 号	0.025
LD1	Lalsil Dry	0.25
LD2	Lalsil Dry	0.5
LD3	Lalsil Dry	1.0

5. 测定指标与方法

调制青贮时取 3 份原料鲜样，在 68 ℃烘干至恒重，粉碎，过 40 目标准筛，用于测定原料的化学成分。其中，WSC 用蒽酮法测定（张治安等，2004）；DM、CP、NDF、ADF 和灰分采用 AOAC（1990）描述的方法测定；缓冲能用 Playne 和 McDonald（1966）的方法测定。

每个处理的 3 个平行青贮袋到预设的时间点时开封取样。从中称取 10g 放入带盖塑料瓶中，加入 90mL 蒸馏水，用 HQ-60-II 快速振荡器混合均匀，盖紧瓶盖，置于 4℃冰箱，间断摇动，浸提 24h 后取出，将浸提液用四层纱布过滤，立即用酸度计（B-212，日本）测定浸提液的 pH 值。之后，滤液 12 000r/min 离心 10min，取上清液于-20℃冷冻保存，备测有机酸及总氮、NH_3-N 浓度。有机酸含量用高效液相色谱仪（HPLC）（Shimadzu 10A，东京，日本）测定，色谱柱 Shodex KC-811，流动相 3mmol/L 高氯酸，流速 1mL/min，柱温 50℃，检测波长 210nm，进样量 5μL。NH_3-N 用苯酚-次氯酸钠比色法测定（Broderica 和 Kang，1980）。青贮饲料的发酵品质采用 Kaiser 和 Wei（2005）的方法分析评价品质优劣。

6. 数据统计

采用 SPSS 11.5 软件对试验数据进行单因素方差分析，差异显著时用 LSD 法做多重比较，结果用 Mean±SD 表示。

二、结果与分析

1. 麻叶荨麻的可青贮性

青贮原料适宜的含水量应在 60%~70%，大于 72%则发酵品质变差。青贮原料过高的灰分（>15%/DM）与 CP 含量（>23%~24%）也会导致青贮饲料 pH 值较高。对于麻叶荨麻而言，水分、蛋白质、灰分含量分别高达 81%、19% 和 19%，而

WSC 含量仅为 6.68g/kg DM（表 3-2）。这些特征充分说明，它的可青贮性非常差。

表 3-2　麻叶荨麻的化学成分（% DM）及缓冲能（mE/kg DM）

水分（%）	粗蛋白质	酸性洗涤纤维	中性洗涤纤维	水溶性碳水化合物	灰分	pH	缓冲能
80.98	18.54	28.98	32.96	6.68	19.02	8.85	415.28

　　豆科牧草青贮发酵所需的适宜含糖量为 12%（DM 基础）（Woolford，1984），缓冲能低于 550 mE/kg DM（每千克干物质中的毫克当量数）（Smith，1962）。与之相比，麻叶荨麻的 WSC 含量低于调制优质青贮对原料糖含量的要求，不能满足乳酸菌繁殖需求，发酵产生的乳酸含量较低，pH 值很难迅速下降，最终不能抑制有害微生物的生长。麻叶荨麻本身的 pH 值就高达 8.85，较高水平的缓冲能值（415.28mE/kg DM）、灰分和 CP 含量阻止青贮后 pH 值的快速降低，影响发酵速度；同时，高达 81% 的含水量，容易导致丁酸发酵，发生梭菌腐败。

　　苜蓿是众所周知的难青贮牧草，初花期至现蕾期苜蓿的水分含量为 60%~85%，WSC 含量为 3.07%~4.56%（Phillip 等，1990；Kung 等，2003），缓冲能值 414~580mE/kg DM（Jones 等，1992），原植株的 pH 值一般在 5.9~6.6。与苜蓿相比，麻叶荨麻的可青贮性更差。

　　2. 添加剂对麻叶荨麻青贮发酵过程的影响

　　在整个青贮过程中，各处理组 pH 值总体上呈降低趋势（如图 3-1），但 FS 和 LD 处理组下降速度较对照组快，LF 和 MH 处理组较慢；第 60 天 LF、MH、FS、LD 处理组和对照组的 pH 值分别为 7.03、7.07、6.50、6.30 和 6.83，依次较青贮前降低了 1.77、1.74、2.28、2.50 和 2.02；FS 和 LD 处理组的 pH 值降低幅度较对照组明显，LF 和 MH 处理组变化较小。随着发酵时间的延长，MH、FS、LF、LD 处理组和对照处理组的 NH_3-N 含量均明显升高，整个发酵期间不断产生 NH_3-N（图 3-2）。第 15 天后 NH_3-N 生成速度加快，迅速蓄积至第 60 天达到最大，依次为 35.0mg/L、28.4mg/L、22.8mg/L、20.0mg/L 和 23.4mg/L 浸提液，MH 和 FS 处理组明显较高，LD 和 LF 与对照组接近。发酵第 3~15 天，各添加剂处理组的乳酸含量均高于对照组，发酵 15d 后（除 MH 处理组）乳酸累积量加大，乳酸含量明显升高、第 60 天达到最大，LD、FS 处理组为 4.91%、4.01%，显著高于对照组（图3-3），LF、MH 处理组发酵较弱、与对照组差异不显著；乙酸在青贮第 3 天有产生（除 LF 外），前 15 天几乎没有丙酸和丁酸或含量很低（图 3-4、图 3-5 和图 3-6），之后迅速增加，第 60 天升至最高，说明丁酸菌的活动未被抑制，它利用氨基酸和糖分解产生 NH_3-N 和丁酸。

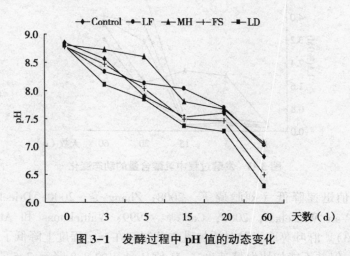

图 3-1　发酵过程中 pH 值的动态变化

研究结果表明，添加乳酸菌制剂能促进乳酸发酵，使青贮

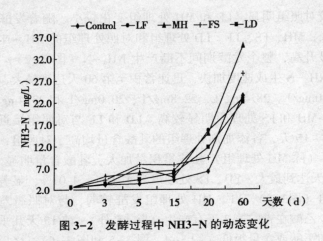

图 3-2 发酵过程中 NH3-N 的动态变化

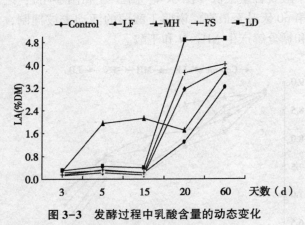

图 3-3 发酵过程中乳酸含量的动态变化

pH 值迅速降低（刘晗璐等，2008；Zhang 等，2000；Drieehuis 和 Van Wikselaar，2000；Cai 等，1999；Vaitiekunas 和 Abel，1993）。麻叶苧麻青贮时添加乳酸菌制剂在一定程度上降低了 pH 值，但并不能加快发酵速度，pH 值从最初的 8.8 降至 7.5 需要 20d，而对照也需要 20d；在 MH 添加组中，青贮效果与对照组

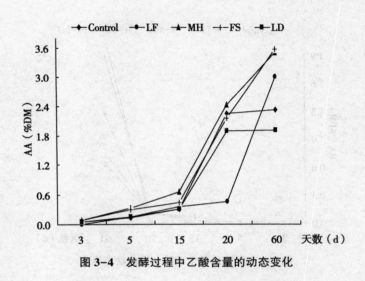

图 3-4 发酵过程中乙酸含量的动态变化

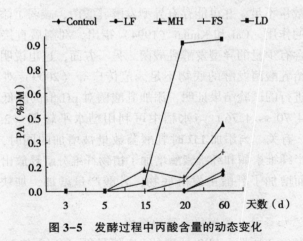

图 3-5 发酵过程中丙酸含量的动态变化

一样，发酵被梭菌控制、形成大量丁酸；添加 LD 时 pH 值下降
的最快，发酵结束时降至 6.3。一方面，这可能是由于原料中乳

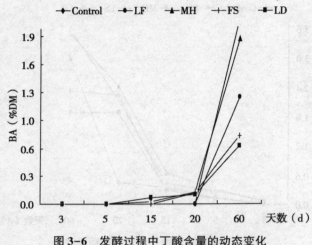

图3-6　发酵过程中丁酸含量的动态变化

酸菌的数量不足，并可能存有异型发酵乳酸菌，减弱了添加剂中乳酸菌的作用。Cai 和 Kumai（1994）指出，刈割后直接青贮的作物中含有少量的异型发酵乳酸菌。另一方面，这也说明麻叶苎麻中供给乳酸菌发酵的底物不足。范传广等（2009）对 6 个品种水稻进行的试验结果证明，添加乳酸菌对 pH 值的降低作用不明显（4.70 vs. 4.76）与水稻中可利用糖水平较低（2.51% ~ 2.76%）有关。当添加 LD 时乳酸菌数量被增加的同时，LD 中含有的半纤维素酶和纤维素酶增加了植物纤维分解释放出一定的糖，从而增加了乳酸菌发酵底物，乳酸产量增加，加快 pH 值降低。

3. 添加量对青贮发酵参数的影响

如表 3-3 所示，LD2 处理的 pH 值最低（$P<0.01$），MH1、MH3 和 LF1、LF3 处理的最高（$P<0.01$），其余各处理与对照差异不显著；LD1、LD3 处理的 NH_3-N 浓度最低（$P<0.01$），

MH1、MH2、MH3 处理最高（$P<0.01$），LD2 处理与对照差异不显著；各处理 NH_3-N 占总氮的比例均小于 10%，LD1、LD2 处理显著低于其余处理；FS2、LD2、LD3 处理的乳酸含量最高（$P<0.01$），MH1、LF3 处理最低（$P<0.01$），其余与对照差异不显著。MH1、MH3 处理的乙酸含量最高（$P<0.01$），LD1、LD3 处理的丙酸含量最高（$P<0.01$）。对照的丁酸含量显著高于 MH2 和其余各处理，LD1、LD2、FS2、FS3 处理最低（$P<0.01$）。

表 3-3　乳酸菌制剂对青贮 60d 麻叶荨麻发酵品质的影响

处理	pH	NH_3-N (mg/L)	有机酸含量（%，DM）			
			乳酸 LA	乙酸 AA	丙酸 PA	丁酸 BA
对照	6.83± 0.06^B	24.44± 0.90^C	3.13± 0.09^B	3.34± 0.26^B	0.12± 0.03^D	2.14± 0.03^{Aa}
LF1	7.23± 0.29^A	30.52± 2.41^{ABb}	2.64± 0.15^B	3.13± 0.06^{Bc}	0.06± 0.00^D	1.03± 0.04^B
LF2	7.03± 0.25^B	23.83± 1.90^C	3.20± 0.35^B	3.02± 0.16^{Bd}	0.11± 0.02^D	1.21± 0.02^B
LF3	7.33± 0.14^A	28.32± 2.34^B	1.26± 0.16^C	3.18± 0.15^{Ba}	1.76± 0.98^{Ab}	1.12± 0.01^B
MH1	7.50± 0.10^A	33.28± 0.66^{Aa}	0.95± 0.06^C	3.75± 0.55^A	0.44± 0.03^C	1.37± 0.15^B
MH2	6.90± 0.14^B	35.63± 1.10^{Aa}	3.36± 0.51^B	3.52± 1.94^{Ba}	0.42± 0.06^C	1.89± 0.08^{Ab}
MH3	7.43± 0.15^A	34.58± 0.73^{Aa}	3.53± 0.06^B	4.90± 0.30^A	0.95± 0.09^B	1.45± 0.02^B
FS1	6.75± 0.07^B	30.23± 2.48^{Ab}	2.23± 0.06^B	3.03± 0.17^B	0.24± 0.01^C	1.07± 0.05^B
FS2	6.50± 0.10^B	30.60± 3.83^{Ab}	4.01± 0.10^A	3.59± 0.39^B	0.25± 0.08^C	0.79± 0.01^C
FS3	7.00± 0.17^B	27.38± 0.68^B	2.56± 1.82^B	3.66± 0.81^B	0.79± 0.18^{Bb}	0.73± 0.06^C

处理	pH	NH₃-N (mg/L)	有机酸含量（%，DM）			
			乳酸 LA	乙酸 AA	丙酸 PA	丁酸 BA
LD1	6.70± 0.17^B	24.06± 1.50^D	2.65± 0.04^B	3.05± 0.93^{Bb}	2.43± 0.49^{Aa}	0.71± 0.02^C
LD2	6.30± 0.30^C	21.38± 3.96^C	4.91± 0.02^A	2.91± 0.00^{Bd}	0.93± 0.01^B	0.66± 0.01^C
LD3	6.97± 0.15^B	24.77± 0.67^D	5.10± 0.11^A	2.62± 0.37^B	3.08± 0.67^{Aa}	1.02± 0.01^B
P 值	<0.001	<0.001	<0.001	0.002	<0.001	0.027

注：表中同一列数字肩注有不同大写或小写字母表示差异显著（$P<0.05$）

高水分和高 pH 值青贮原料可加速有害细菌，如梭状芽孢杆菌的生长。这类细菌能够产生丁酸、氨和胺（如尸胺、组胺、腐胺、色胺、酪胺）。正因为麻叶苎麻青贮的最终 pH 值维持在 6.30～7.07，所以，丁酸含量较高。这种酸度环境适合梭菌生长（最适 pH 值为 7.0～7.4），因而梭菌控制了发酵，导致乳酸分解，pH 值升高，进而破坏养分的保存。梭菌发酵大部分形成的是丁酸，但有时也存在大量乙酸，McDonald 称这种发酵产物为"不良青贮"或"梭菌青贮"。荣辉等（2009）在青贮含水 84.6% 的象草时发现，即使在 pH 值降低到 3.94 的情况下丁酸菌仍有活动。Lindgren 等（1990）指出，青贮过程中 WSC 含量较低或没有足够的碳水化合物时，乳酸菌将乳酸转变成乙酸。这是本试验麻叶苎麻青贮第 3 天开始就产生乙酸，到发酵结束，乙酸含量仍较高（2.59%～4.9%）的另一个原因。综上所述，除 LD2、LD3 处理外，添加乳酸菌制剂不能有效改善麻叶苎麻的青贮发酵品质。

青贮过程中蛋白质会被蛋白酶大量水解，降解为非蛋白氮。低 pH 值可以有效地抑制蛋白酶活性（Fairbairn 等，1998），pH 值在 6.0 时蛋白水解酶的活性最强，低于 5.0 时活性降低（Mc-

Donald 等，1991）。Davies 等（1998）发现，即使用只含植物乳杆菌的乳酸菌添加剂也可以降低青贮饲料 NH_3-N 的生成，但本试验添加乳酸菌制剂并没有减少发酵过程中 NH_3-N 的生成量。

4. 青贮发酵品质评价

表3-4 显示，添加 MH 处理的青贮品质与对照一样，为 5 级；LF 和 FS 处理均为 4 级；添加 3 个水平 LD 青贮的品质分别为 3 级、2 级和 3 级。青贮饲料 pH 值低于 4.2 时发酵品质良好，若低于 4.5 则为中等，高于 4.8 则为差；优质青贮饲料的丁酸含量应低于 0.2%，NH_3-N 占总氮的比例在 4%~10%。根据这些标准，添加不同剂量 MH、LF 和 FS 青贮麻叶荨麻，它们的发酵品质分别为 5 级、4 级和 4 级，发酵品质差；添加高、中、低 3 个水平 LD 时青贮料质量分别为 3 级、2 级和 3 级，发酵品质得到明显改善，其中，0.5g/kg LD 的青贮效果较好。说明，乳酸菌制剂与纤维素酶联合使用，能改善青贮品质。

表3-4 麻叶荨麻青贮发酵品质评分

处理	丁酸（%DM）	得分	乙酸（%DM）	去分	总分	等级
对照	2.14	30	3.34	-10	20	5
LF1	1.03	60	3.13	-10	50	4
LF2	1.22	60	3.02	-10	50	4
LF3	1.12	60	3.18	-10	50	4
MH1	1.37	50	3.75	-20	30	5
MH2	1.89	40	3.52	-20	20	5
MH3	1.45	50	4.90	-30	20	5
FS1	1.07	60	3.03	-10	50	4
FS2	0.70	70	3.59	-10	60	4
FS3	0.73	70	3.66	-20	50	4
LD1	0.71	70	3.05	-10	60	3
LD2	0.66	80	2.91	0	80	2
LD3	1.01	60	2.62	0	60	3

三、小结

麻叶荨麻的水分、蛋白质、灰分含量和缓冲能值较高，而可溶性碳水化合物含量低，很难单独成功青贮。添加高、中、低量 Micromanager H/M、Lalsil Fresh、青宝II号和 0.25g Lalsil Dry/kg 均不能改善麻叶荨麻的青贮发酵品质，但添加 0.5g Lalsil Dry/kg、1.0g Lalsil Dry/kg 能够改善发酵品质，且 0.5g/kg LD 的效果最好。由此可见，青贮麻叶荨麻或类似高水分、高蛋白质牧草时，乳酸菌制剂与纤维素酶联合使用可以改善青贮品质。

第二节　添加甲酸青贮

甲酸是调制青贮饲料常用的发酵抑制性添加剂，适用于青贮保存干物质和水溶性碳水化合物含量低的牧草。研究表明，高水分牧草青贮时添加甲酸能有效改善发酵品质（Henderson 和 McDonald，1971）；能显著增加可溶性糖含量（WSC），显著降低 NH_3-N 浓度，不影响牧草的 DM、纤维和有机物质体外消化率（Kennedy，1990）。添加 6mL/kg 甲酸（萎蔫或者不萎蔫）显著降低了多变小冠花（*Coronilla varia* L.）青贮饲料的 pH 值和 NH_3-N 浓度（李清宏等，2012）；添加 4.4mL/kg 甲酸能有效保存象草（*Pennisetum*）的营养物质（荣辉等，2012）。麻叶荨麻同样属于高水分、低糖量牧草，但有关甲酸对麻叶荨麻青贮效果的研究目前尚无报道。本试验在鲜刈麻叶荨麻中添加高、中、低3个不同剂量的甲酸，调制青贮饲料，分析它们的发酵品质和贮存效果，以便为荨麻属植物及与其类似牧草的合理保存利用提供技术指导。

一、材料与方法

1. 原材料

青贮所用全株麻叶荨麻的来源和采集方法同前节。

2. 试验设计

将采集的全株麻叶荨麻用 0（对照组）mL/kg、2mL/kg、4mL/kg、6mL/kg 甲酸（北京红星化工厂生产，纯度为88%）处理，每个处理15次重复。3个水平添加组依次用甲酸-低（FA-低）、甲酸-中（FA-中）、甲酸-高（FA-高）表示。制作青贮时不同剂量的甲酸喷洒在原料表面，对照组用相同体积的水替代。分别于贮藏后第3天、第5天、第15天、第20天、第60天开封取样，测定 pH 值和有机酸产量在发酵过程中的动态变化。

3. 青贮料的调制

青贮时将刈割的麻叶荨麻切短至 2~3cm，称重，甲酸处理和无甲酸处理分别按照设定剂量喷洒甲酸或水，混合均匀后装入聚乙烯袋，每袋约150g，用真空包装机抽成真空并封口。所有青贮袋在室温贮存60d。

4. 测定指标与方法

用第一节描述的方法制备浸提液样品，并测定青贮发酵参数。每个袋中剩余的青贮样品，在 68℃烘干至恒重，粉碎，过40目（0.42mm）标准筛，用来测定化学成分。其中，DM 用 AOAC（1990）提出的方法测定，CP 用杜马斯快速定氮仪测定（Elementar 公司，德国），NDF 和 ADF 用 FOSS 全自动纤维分析仪（Tecator 2010，瑞典）测定。粗脂肪（EE）用 FOSS 全自动脂肪分析仪（Soxtec 2050，瑞典）测定。另外，体外 DM 消化率用 Tilley 和 Terry（1963）的方法测定，测定用的瘤胃液来源于3只安装有瘤胃瘘管的成年绵羯羊（每天 17：00 饲喂小麦秸、苜蓿干草、青贮玉米和破碎玉米籽实），手工收集后混合装入保温桶，带至实验室后 4 层纱布过滤，接种，培养管在 39℃ 下连续培养 48h。DM 和纤维组分的消化率用它们培养前后的差值计算。

5. Flieg 评分

青贮发酵品质的优劣用 Flieg 评价方法进行。评价时，评分为 85~100 时，青贮品质优；60~80 时，品质良好；低于 20，则青贮无利用价值（Ziaei 和 Molaei，2010）。用 Kilica（1986）提出的公式计算 Flieg 得分，方法如下：

Flieg point = 220 + (2 × %DM − 15) − 40 × pH 值

6. 数据统计

各处理发酵第 3 天、第 5 天、第 15 天、第 20 天、第 60 天的 pH 值和乳酸含量用 SAS v8.2 软件中的 PROC MIXED 进行分析，青贮第 60 天的发酵参数和化学成分及体外消化率均用 PROC GLM 进行分析，采用 Duncan's multiple-range test 法作多重比较，当 $P<0.05$ 时视为差异显著。

二、结果与分析

1. 添加甲酸对麻叶荨麻青贮发酵进程的影响

从图 3-7 和图 3-8 可以看出，中等和较高剂量甲酸处理加速了麻叶荨麻的青贮发酵进程，但发酵 15d 后各处理之间没有差别。在发酵初期，甲酸-中和甲酸-高 2 个处理的 pH 值从 8.5 快速下降至接近 7.0，乳酸含量在发酵 15d 达到最高，分别为 60.44g/kg DM、67.25g/kg DM；尽管甲酸-低处理的乳酸菌累积量在发酵前 15d 略高于对照，但从整体看该处理并没有表现出加快发酵进程的效应。

2. 添加甲酸对麻叶荨麻青贮发酵品质的影响

从表 3-5 可知，青贮发酵 60d 后，甲酸-低处理的 pH 值与对照一样高，甲酸-中与甲酸-高两个处理显著（$P<0.01$）降低

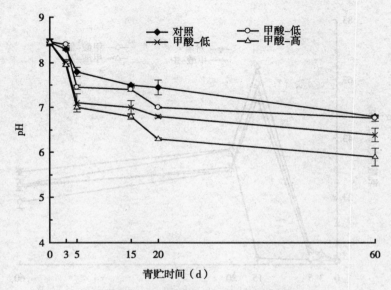

图 3-7 发酵过程中 pH 值的动态变化

了麻叶荨麻青贮的 pH 值；甲酸-高处理的 NH_3-N 浓度显著（P <0.01）低于其余处理；3 个甲酸处理的乳酸、丙酸含量分别显著（$P<0.05$；$P<0.01$）低于或高于对照；乙酸和丁酸含量在各处理间差异不显著；甲酸-中和甲酸-高处理的 WSC 含量显著（$P<0.05$）高于甲酸-低处理和对照；甲酸-高处理的费氏评分最高（$P<0.01$），甲酸-低处理与对照（-10.5）没有差别。

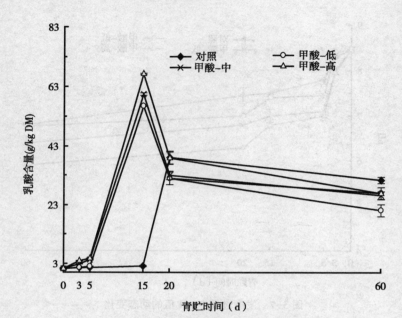

图 3-8　发酵过程中乳酸含量的动态变化

表 3-5　甲酸对青贮 60d 麻叶苎麻发酵品质的影响

	对照	甲酸-低	甲酸-中	甲酸-高	P 值
pH	6.85 ± 0.05^a	6.77 ± 0.09^a	6.40 ± 0.11^b	5.90 ± 0.12^c	0.001
氨态氮 NH$_3$-N （mg/L）	$26.73\pm$ 2.93^a	$29.15\pm$ 1.18^a	$24.41\pm$ 1.32^a	$16.00\pm$ 0.31^b	0.001
乳酸 LA （%DM）	$31.27\pm$ 0.65^a	$21.00\pm$ 0.58^b	$26.23\pm$ 0.18^b	$26.87\pm$ 0.87^b	0.035
乙酸 AA （%DM）	$24.72\pm$ 0.45	$26.34\pm$ 2.51	$25.83\pm$ 1.65	$25.13\pm$ 0.22	0.417
丙酸 PA （%DM）	$2.37\pm$ 0.02^b	$5.11\pm$ 0.21^a	$5.42\pm$ 0.63^a	$4.93\pm$ 0.30^a	<0.0001

	对照	甲酸-低	甲酸-中	甲酸-高	P 值
丁酸 BA（%DM）	2.14±0.19	2.15±0.15	2.09±0.11	2.03±0.07	0.299
可溶性碳水化合物 WSC（%DM）	1.84±0.29[b]	2.10±0.91[b]	8.60±0.47[a]	9.79±2.16[a]	0.028
Flieg 评分	−10.53±1.45[c]	−6.01±2.83[c]	10.07±5.38[b]	33.83±4.71[a]	0.0007

注：表中同一行数字肩注有不同字母者表示差异显著（$P<0.05$）

以上结果表明，添加中、高水平的甲酸对青贮具有明显的酸化作用，在一定程度上加速了麻叶荨麻的发酵进程，使其 pH 值显著降低，而 3 个甲酸处理青贮的乳酸累积量均低于对照。这与 Kennedy（1990）和 Henderson 等（1989）报道的试验结果类似。Henderson 等（1989）添加 5L/t 甲酸青贮黑麦草（*Lolium perenne*）时发现，甲酸处理的 pH 值与对照几乎一样（分别为 3.91 和 3.70），NH_3-N 浓度较对照降低了 34g/kg，同时乳酸含量从未经甲酸处理的 137g/kg DM 降低到经甲酸处理的 51g/kg DM。本试验用甲酸青贮麻叶荨麻时，pH 值的降低加强了植物细胞壁在青贮过程中的裂解（McDonald 等，1991），所以添加 4~6 mL/kg 甲酸降低了麻叶荨麻青贮的纤维组分。在此过程中，较高剂量甲酸抑制了微生物的活动，故添加中、高水平甲酸处理的 WSC 含量高于对照。饲草的 CP 在青贮过程中会被蛋白酶水解而转变成大量非蛋白氮。pH 值低于 5.0 时可以有效地抑制蛋白酶的活性（Fairbairn 等，1998；Castle 和 Watson，1985）。由于甲酸本身的酸性作用使麻叶荨麻青贮的 pH 值降低，从而抑制了蛋白质的降解，所以高浓度甲酸青贮降低了 NH_3-N 浓度。又由于其 pH 值（5.9~6.77）远高于良好保存青贮饲料所需要的酸度条件，则不能有效抑制丁酸菌的生长，故其（除高水平甲酸处理外）丁酸含量较高。青贮饲料的丁酸含量低于 2.0 g/kg DM 时方能被接受（Castle 和 Watson，1985）。费氏评分是另一个评估青贮饲料品质优劣的重要方法。根据前文所述费氏评分原则（Ziaei 和 Molaei，2010），添加 6mL/kg 甲酸生产的麻叶苎麻青贮品质较差，而添加 2mL/kg 和 4mL/kg 甲酸青贮失败。其主要原因是麻叶苎麻的糖含量较低。

3. 添加甲酸对麻叶苎麻青贮营养价值的影响

从表 3-6 可知，甲酸-高处理显著（$P<0.01$）增加了麻叶苎麻青贮的 DM 和粗蛋白质（CP）含量。甲酸-中和甲酸-高青贮有降低纤维组分（NDF 和 ADF）的趋势（$P=0.132$；$P=0.087$），其粗灰分含量显著（$P<0.01$）低于甲酸-低和对照。3个剂量甲酸处理对青贮饲料的脂肪含量没有影响。甲酸-中和甲酸-高 2 个处理显著（$P<0.05$）提高了 NDF 的体外消化率，而对 DM 消化率和 ADF 消化率没有影响。高剂量甲酸处理能提高青贮饲料的 DM 含量。郭金双等（2000）在大麦青贮试验中也得到了类似结果。甲酸处理降低青贮饲料的灰分含量，可能与渗出液损失有关。Kennedy（1990）添加甲酸青贮牧草时也观察到此现象。不同浓度甲酸处理对麻叶苎麻青贮的 DM 消化率没有影响，即使 Kennedy（1990）用 850g/kg 的高浓度甲酸处理也没有改变新鲜牧草青贮料的体外可消化有机物质（*in vitro* DOM）所占的量，用甲酸处理和不用甲酸处理青贮饲料的体外 DOM 分别为 71.8%、73.0%。对于麻叶苎麻，添加中、高剂量甲酸显著提高了青贮饲料的 NDF 体外消化率（IVNDFD）是因为植物细胞壁结构在青贮过程中被水解而裂解破坏（Bolsen 等，1996）。近年报道的体外试验结果也显示，青贮饲料在家畜瘤胃发酵过程中的变化与其植物细胞壁组分在青贮过程中的变化有关（Lima 等，2010；Repetto 等，2011）。但是添加青贮时甲酸对麻叶苎麻的 ADF 体外消化率并没有显著影响，说明在青贮过程中首先发生

变化的是易消化纤维组分和半纤维素（Bakkena 等，2011）。

表 3-6　甲酸对青贮 60d 麻叶荨麻营养价值和体外消化率的影响

	对照	甲酸-低	甲酸-中	甲酸-高	P 值
化学成分（g/kg DM）					
干物质 DM（g/kg）	217.34±2.73[b]	223.29±3.86[b]	230.33±5.04[b]	249.13±1.02[a]	0.003
中性洗涤纤维 NDF	366.98±8.07	353.74±3.20	324.05±21.84	325.67±1.94	0.132
酸性洗涤纤维 ADF	279.98±1.90	282.45±3.43	235.02±14.50	247.38±4.12	0.087
脂肪 EE	16.08±0.75	15.71±0.23	16.04±0.38	16.22±0.47	0.803
粗灰分 Ash	230.15±3.17[a]	217.24±4.11[a]	192.02±6.48[b]	199.45±1.78[b]	0.003
粗蛋白质 CP	182.49±2.59[b]	168.66±2.17[bc]	198.47±2.97[b]	210.98±6.87[a]	0.002
体外消化率（g/kg）					
干物质消化率 IVDMD	660.05±33.45	637.07±22.78	625.30±14.15	666.63±3.47	0.504
中性洗涤纤维消化率 IVNDFD	296.63±6.85[b]	282.9±6.01[b]	394.45±14.45[a]	393.57±4.97[a]	0.016
酸性洗涤纤维消化率 IVADFD	228.95±12.25	257.18±9.70	296.67±3.84	283.77±3.12	0.778

注：表中同一行数字肩注有不同字母者表示差异显著（P<0.05）

三、小结

添加 2mL/kg、4mL/kg、6mL/kg 甲酸青贮麻叶荨麻，都未能获得发酵品质良好的青贮饲料，但 6mL/kg 的添加量有利于改善发酵品质和提高植物细胞壁的利用效率。如果配合一定量的糖或含糖量高的原料，那么，青贮时添加甲酸就可以改善发酵品质，提高麻叶荨麻及与之类似牧草的青贮成功率。

第三节　添加糖蜜青贮

糖蜜，俗称糖稀，是甜菜、甘蔗等制糖工业副产品，是一种褐色黏稠的液体状物质。糖蜜富含蔗糖、葡萄糖、果糖等糖类物质，含量一般在40%～46%；同时，还含有蛋白质（3%～6%）、矿物质、维生素等多种营养成分。糖蜜是反刍动物很好的速效能饲料资源，可为瘤胃发酵提供大量可发酵代谢能。目前，糖蜜常常被用于改善苜蓿、燕麦等牧草或饲草的青贮发酵品质。

麻叶苎麻单独青贮很难成功的一个重要原因是其含糖量低。研究发现，新鲜苜蓿青贮时添加糖蜜能改善发酵品质（Tosi 等，1994；Touqir 等，2007）。麻叶苎麻与苜蓿在可青贮特性上非常相似，添加糖蜜是否同样能调制出优质麻叶苎麻青贮饲料。因此，本试验添加2%、4%、8%甜菜糖蜜青贮麻叶苎麻，分析不同水平糖蜜对发酵进程、青贮饲料的化学成分与体外消化率生产的影响，同时筛选适宜的糖蜜添加量，为提高苎麻属植物及类似牧草的青贮成功率提供技术和方法。

一、材料与方法

1. 原料

青贮所用全株麻叶苎麻的来源和采集方法同"添加甲酸青贮"节。

2. 试验设计

所用糖蜜为甜菜糖蜜。设2%、4%、8%3个添加水平处理组，依次用糖蜜-低、糖蜜-中、糖蜜-高表示，以无糖蜜添加的处理作为对照组，共有4个处理组，每个处理15次重复。室温贮存60d。

3. 青贮料的调制

制作青贮时将全株麻叶荨麻切成 2~3cm 长后，不同水平的糖蜜用相同体积的水稀释，倒入青贮原料表面，对照组用相同体积的水替代。充分混合，装入聚乙烯袋，每袋约 150g，用真空包装机抽成真空并封口。

4. 测定指标与方法

分别于贮藏后第 3 天、第 5 天、第 15 天、第 20 天、第 60 天开封取样，测定 pH 值、乳酸含量在发酵过程中的动态变化。60d 发酵完成后，取样测定青贮饲料的发酵品质、化学成分和体外消化率。采用前一节中描述的方法制备分析样品。酸性洗涤不溶蛋白质用 Licitra 等（1996）的方法测定，其他测定指标及 Flieg 评分计算都参照前一节描述的方法进行。

5. 数据统计

各处理组发酵第 3 天，第 5 天，第 15 天，第 20 天，第 60 天的 pH 值和乳酸含量用 SAS v8.2 软件中的 MIXED 模型分析，青贮第 60 天的发酵参数、化学成分和体外消化率用 GLM 分析，差异显著时用 Duncan 法做多重比较，当 $P \leq 0.05$ 时视为差异显著，结果用 Mean±SEM 表示。

二、结果与分析

1. 添加糖蜜对麻叶荨麻青贮发酵进程的影响

糖蜜-低，糖蜜-中和糖蜜-高 3 个糖蜜处理均能加速麻叶荨麻的青贮发酵进程（图 3-9 和图 3-10）。发酵初期 3 个糖蜜处理组的 pH 值均快速下降，降低幅度随糖蜜添加量的增加而显著地加大，发酵第 60 天糖分别从发酵开始的 8.45 下降到 5.43、4.15 和 3.85；其中，糖蜜-高处理组发酵第 20 天的 pH 值下降到 4.2 以下，之后稳定；与 3 个糖蜜青贮处理相比，对照青贮的 pH 值下降缓慢。3 个糖蜜处理组的乳酸积累量明显大于对照组，乳酸含量在青贮发酵期间均持续增长至第 60 天达到最高，而且糖蜜-中和糖蜜-高处理组的乳酸积累量高于糖蜜-低处理组；对照组的乳酸累积量在发酵第 20 天达到最大，之后下降。

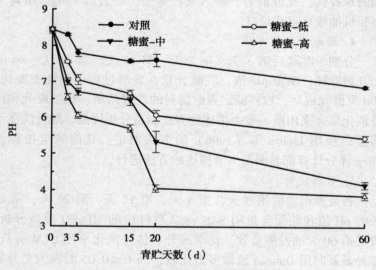

图 3-9　发酵过程中 pH 值的动态变化

2. 添加糖蜜对麻叶苎麻青贮 60d 发酵品质的影响

添加糖蜜显著（$P=0.000\,7$）降低了麻叶苎麻青贮料的 pH 值，青贮发酵 60d 时糖蜜-低、糖蜜-中和糖蜜-高处理组的 pH 值分别为 5.43、4.15、3.85，均显著低于对照组的 6.80（表 3-7）。糖蜜-高处理组的 NH_3-N 浓度（20.6g/kg TN）最低（$P=0.029$），糖蜜-低和糖蜜-中处理组显著低于对照组；糖蜜-高处理组的乳酸含量最高（$P=0.000\,6$），糖蜜-低和糖蜜-中处理组均显著高于对照组。糖蜜-低处理组的乙酸含量与对照组非常接近，而糖蜜-中和糖蜜-高处理组的乙酸含量显著（$P=0.05$）低于对照组。丙酸含量在 4 个处理组间无显著差异。3 个糖蜜处理

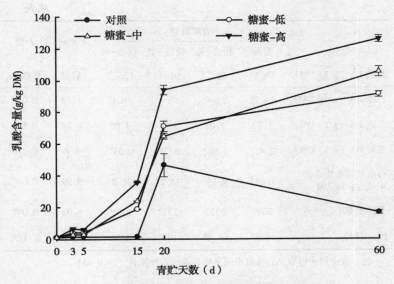

图 3-10 发酵过程中乳酸含量的动态变化

组的丁酸含量显著（$P = 0.019$）低于对照组。WSC 含量随糖蜜添加量的增加而显著地（$P = 0.007$）增加。3 个糖蜜处理组的 DM 含量显著（$P = 0.007$）高于对照组。糖蜜-中、糖蜜-高处理组的 Flieg 评分分别为 101、118，显著（$P = 0.0004$）高于糖蜜-低处理组（49.4）和对照组（-10.5）。

表 3-7　糖蜜对青贮 60d 麻叶荨麻发酵品质的影响

	青贮处理				s.e.m.	P 值
	对照	糖蜜-低	糖蜜-中	糖蜜-高		
pH	6.80[a]	5.43[b]	4.15[c]	3.85[d]	0.78	0.0007
氨态氮 NH₃-N（g/kg TN）	35.7[a]	27.7[b]	26.6[b]	20.6[c]	0.19	0.029

续表

| | 青贮处理 | | | | s. e. m. | P 值 |
	对照	糖蜜-低	糖蜜-中	糖蜜-高		
乳酸 LA（g/kg DM）	16.5^d	68.7^c	91.4^b	126.2^a	17.4	0.0006
乙酸 AA（g/kg DM）	24.7^a	25.1^a	19.1^b	16.1^b	1.73	0.050
丙酸 PA（g/kg DM）	1.37	1.02	1.06	1.65	0.10	0.133
丁酸 BA（g/kg DM）	2.42^a	1.08^b	0.76^c	0.93^{bc}	0.39	0.019
可溶性碳水化合物 WSC（g/kg DM）	1.85^d	9.15^c	18.2^b	36.2^a	9.99	0.007
干物质 DM（g/kg）	209^c	233^b	237^b	270^{ab}	6.03	0.007
Flieg 评分	10.5^c	49.4^b	101^a	118^a	32.3	0.0004

注：表中同一行数字肩注有不同字母者表示差异显著（$P<0.05$）

3. 添加糖蜜对麻叶荨麻青贮 60d 营养价值的影响

麻叶荨麻青贮前和无添加剂处理青贮（对照青贮）后的 DM、NDF、ADF、Ash 含量均没有显著差异（表 3-8），但是添加中等量的糖蜜却显著增加了（$P=0.025$）麻叶荨麻青贮料的 DM 含量，显著（$P=0.022$）降低了青贮料的 NDF 和 Ash 含量，有降低 ADF 含量的趋势（$P=0.061$）。青贮前和青贮后（包括对照青贮和添加糖蜜青贮）对 EE、ADICP 和 CP 含量都没有显著影响，但添加糖蜜青贮却显著（$P=0.001$）降低了 ADICP 含量。青贮前和无添加剂青贮后的 IVDMD 没有显著差别，但添加糖蜜青贮显著（$P=0.033$）提高了 IVDMD。对照青贮或添加糖蜜青贮对麻叶荨麻原料 IVCPD 没有显著影响。对照青贮显著（$P=0.046$）降低了原料的 IVNDFD，有降低原料 IVADFD 的趋势（$P=0.074$），但添加糖蜜青贮却显著提高了 IVNDFD，有提高 IVADFD 的趋势。

表 3-8 糖蜜对青贮 60d 麻叶荨麻营养价值和体外消化率的影响

	鲜麻叶荨麻	青贮处理		s. e. m.	P 值
		对照	糖蜜-中		
干物质 DM（g/kg）	198[b]	209[b]	237[a]	5.89	0.025
中性洗涤纤维 NDF（g/kg DM）	330[a]	316[a]	280[b]	5.09	0.022
酸性洗涤纤维 ADF（g/kg DM）	290	280	241	6.13	0.061
脂肪 EE（g/kg DM）	26.5	20.1	21.3	2.09	0.845
粗灰分 Ash（g/kg DM）	190	196	172	0.31	0.003
粗蛋白质 CP（g/kg DM）	197	190	200	16.81	0.885
酸性洗涤不溶粗蛋白质 ADICP（g/kg DM）	37.8[a]	37.8[a]	30.4[b]	1.56	0.001
干物质体外消化率 IVDMD（g/kg）	686[b]	670[b]	750[a]	3.43	0.033
粗蛋白质体外消化率 IVCPD（g/kg）	889	824	920	3.49	0.212
中性洗涤纤维体外消化率 IVNDFD（g/kg）	531[a]	345[c]	435[b]	2.73	0.046
酸性洗涤纤维体外消化率 IVADFD（g/kg）	430[a]	329[c]	411[b]	1.68	0.074

注：表中同一行数字肩注有不同字母者表示差异显著（P<0.05）

添加低、中、高 3 个水平的糖蜜处理都能加快麻叶荨麻的发酵进程、缩短发酵时间，但是 2%糖蜜青贮的 pH 值（5.43）高于优质青贮饲料对 pH 值要求的临界值 4.2（McDonald 等，1991），说明该糖蜜水平不足以改善麻叶荨麻的青贮发酵品质。而当添加 4%~8%的糖蜜时，青贮酸化作用迅速发生，产生大量乳酸，使 pH 值快速降低到 4.2 以下。添加 4%和 8%糖蜜青贮的 pH 值分别为 4.5 和 3.85，非常利于青贮饲料的保存。Jaurena 和 Pichard（2001）添加 5%的糖青贮鲜苜蓿时也得到类似结果。添加 3 个水平糖蜜青贮麻叶荨麻时，青贮饲料的氨态氮浓度均低于一般青贮饲料中的氨态氮水平（40~100g/kg TN），可能是因为试验使用小容量真空袋作为青贮饲料容器，其厌氧环境比生产实践中常用的露天青贮窖好很多。不过，丁武蓉等（2008）在胡枝子青贮试验中发现，添加3%的糖蜜能减少胡枝子青贮饲料中的氨态氮，加大青贮料中 NDF 和 ADF 的降解程度。本试验，无糖蜜青贮料的酸度不能抑制丁酸菌的生长，所以其丁酸含量高于良好青贮料对丁酸产量的最低要求 2.0g/kg DM（Castle 和 Watson，1985）。尽管糖蜜青贮也有丁酸产生，但其量可以接受。在发酵过程中对照青贮的可溶性糖几乎被耗尽，但在糖蜜处理青贮中糖蜜的添加水平越高，青贮饲料中的可溶性糖含量就越高（$P<0.05$）。糖蜜青贮使麻叶荨麻青贮饲料的 DM 增加，主要是因为糖蜜的干物质含量较高。这与 Sibanda 等（1997）和 Jaurena 和 Pichard（2001）的试验结果一致。由于糖蜜本身易消化，所以添加糖蜜能降低青贮饲料的纤维含量，同时提高干物质和纤维消化率。而且，添加糖蜜青贮还能促进植物细胞壁的降解（Bolsen 等，1996），减少细胞壁结合的蛋白质（Rinne 等，1997），从而降低青贮饲料的 ADICP 含量。结合 Flieg 评分，添加4%~8%的糖蜜可以生产保存完好的麻叶荨麻青贮饲料。另外，糖蜜是制糖工业副产物，价格低廉（不到 200 元/t）、可获取性强，是很好的优质青贮饲料促进发酵添加剂，在生产实践中应该重视它的价值和推广应用。

三、小结

添加糖蜜可使麻叶荨麻青贮饲料的 pH 值快速降低，促使乳酸大量累积，缩短青贮发酵时间。同时，还能显著增加青贮饲料的可溶性糖含量，显著减少纤维组分和酸性洗涤不溶氮，提高青贮料的干物质和纤维消化率，从而有效地保存麻叶荨麻的营养价值，并改善适口性。推荐，添加糖蜜青贮麻叶荨麻或与之类似（高水分、低糖量）牧草时，添加量以 4%~8%（占鲜草的重量比）为宜。

第四节 与玉米粉混合青贮

针对类似麻叶荨麻这样的高水分高蛋白牧草，如苜蓿、象草等，大多研究通过添加青贮添加剂改善青贮发酵品质（荣辉等，2013；王力生等，2013；陈鹏飞等，2013；Phillip 等，1990；Jones，1988）。但如前文所述的试验结果证实，单独添加乳酸菌制剂并不能改善麻叶荨麻的发酵品质。Jaurena 和 Pichard（2001）与 Sibanda 等（1997）发现，新鲜苜蓿青贮时添加谷物籽实能改善苜蓿青贮饲料的保存效果。但是，添加干物质含量高且含有一定促发酵底物的玉米粉能否改善麻叶荨麻的发酵品质、较好地保存营养价值，目前并不知晓。因此，本试验将麻叶荨麻与玉米粉混合青贮，分析添加玉米粉对发酵进程、青贮产品的化学成分与体外消化率的影响，以明确玉米粉处理改善其发酵品质和养分保存的效果，为提高荨麻属植物及类似牧草的青贮成功率提供方法。

一、材料与方法

1. 原料

青贮所用原材料麻叶荨麻的来源如前文所述。

2. 试验设计

青贮前依据牧草成功青贮要求原料的干物质含量在 30%以上，将麻叶荨麻与玉米粉以 5 : 1 混合，使其干物质含量达到 31%，并以此为混贮组；以麻叶荨麻单独青贮作为对照组。每个处理 15 个重复，室温贮藏 60d。

3. 青贮料的调制

混合时切短的麻叶荨麻要与玉米粉混合均匀，多次轻度揉搓，使玉米粉完全粘着于麻叶荨麻表面。而后装入真空袋、每袋约 150g，用真空包装机抽成真空并封口。

4. 测定指标与方法

青贮饲料发酵过程中分别在贮藏后第 0 天、第 3 天、第 5 天、第 15 天、第 20 天和第 60 天开封取样，以检测 pH 值、有机酸和 NH_3-N 的动态变化，青贮饲料品质评价在贮藏第 60 天取样进行。青贮品质的测定指标与方法及 Flieg 评分方法都同前节。

5. 数据统计

各处理发酵第 3 天、第 5 天、第 15 天、第 20 天、第 60 天的 pH 值和乳酸含量用 SAS v8.2 软件中的 MIXED 模型分析，青贮第 60 天的发酵参数和化学成分及体外消化率均用 GLM 分析，差异显著时用 Duncan 法做多重比较，当 $P \leqslant 0.05$ 时视为差异显著，结果用 Mean±SD 表示。

二、结果与分析

1. 混贮对麻叶荨麻青贮发酵进程的影响

在发酵过程中混贮组的 pH 值迅速下降而单贮组发酵进程缓慢（图 3-11），特别是前 20d，混贮组的 pH 值迅速降低至 5.45，而单贮仍高达 7.60，乃至发酵结束时单贮组的 pH 值仍高达 6.83。随着发酵程度的推进（图 3-12），单贮组的 NH_3-N 浓度不断增加，尤其第 20 天后直线上升，而混贮组处于平台期；发酵结束时混贮组 NH_3-N 低于单贮组，但发酵前 20d 混贮组的 NH_3-N 蓄积量高于后者。

发酵前 15d，混贮组的乳酸含量快速增加至 60d 达到峰值（106g/kg DM）；单贮组在发酵前 15d 乳酸含量几乎没有增加，在发酵 20d 达到峰值（31.3 g/kg DM）（图 3-13）。二者在青贮后均有乙酸产生，单贮组在发酵各时段均明显高于混贮组（图 3-14）。二者在发酵前 15d 均没有丙酸产生（图 3-15），之后迅速增加，至 60d 达到最高；整个发酵阶段混贮组的丙酸含量均高于单贮组。二者在发酵前 15d 均没有产生丁酸（图3-16），发酵

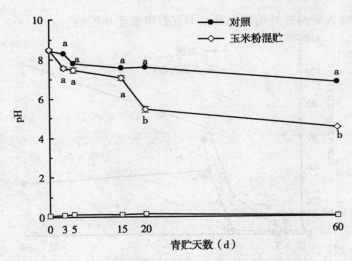

图 3-11 发酵过程中 pH 的动态变化

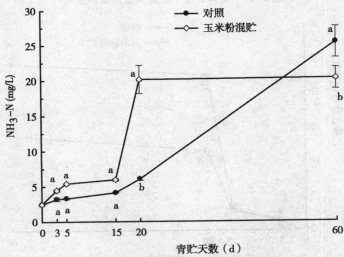

图 3-12 发酵过程中 NH_3-N 浓度的动态变化

第 20 天后两处理组均上升，但混贮组低于单贮组。

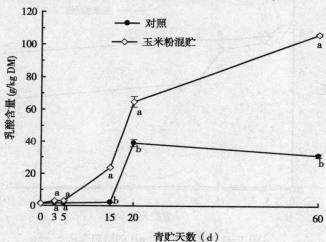

图 3-13　发酵过程中乳酸含量的动态变化

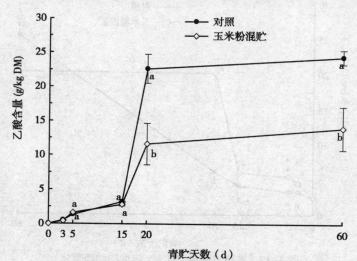

图 3-14　发酵过程中有乙酸含量的动态变化

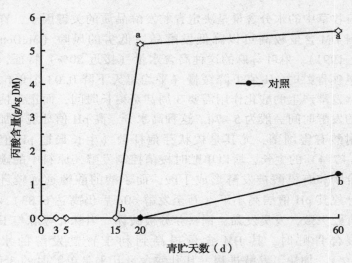

图 3-15　发酵过程中丙酸含量的动态变化

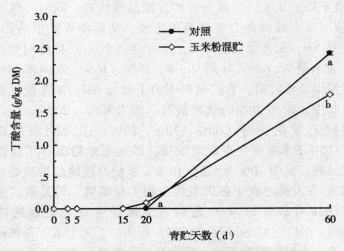

图 3-16　发酵过程中有丁酸含量的动态变化

苎麻营养价值及加工贮存技术

　　牧草中的水分含量是决定青贮发酵品质的关键因子，青贮原料 DM 含量较高可以降低发酵品质低劣的风险（McDonald 等，1991）。麻叶荨麻的这种高含水量（接近 80%）特征，使其单独青贮时 pH 值下降缓慢（平均每天下降 0.03 个单位），自然发酵产生的酸化作用需要 3 周甚至更长时间，而正常情况下的发酵时间一般为 5~7d。这种高水分、高 pH 值环境可加速不耐酸有害细菌，尤其是梭状芽孢杆菌（生长最适 pH 值为7.0~7.4）的生长，所以单贮时梭菌控制发酵，原料中的碳水化合物和有机酸被发酵形成丁酸，而丁酸的酸性远远较乳酸弱，故其 pH 值居高不下（乃至发酵 60d 后仍高达 6.83），导致青贮失败，发臭发黏、饲料养分被破坏。当麻叶荨麻与玉米粉混合青贮时，其 DM 含量提高到利于青贮发酵的水平（31%），加快了发酵进程，其乳酸含量几乎是单贮时的 3 倍，促使 pH 值快速下降。Haigh（1996）提出，当牧草 DM>30%、pH 值下降至 4.8 时，认为青贮发酵品质优良。同时，较低的 pH 值可以有效抑制有害细菌的生长，从而使青贮中的乙酸、丁酸及 NH_3-N 含量显著降低。玉柱等（2009）将鲜刈紫花苜蓿（含水量 75.6%）分别与 5%，10%，15%，20% 和 25% 的玉米粉混合青贮时，青贮饲料中的丁酸与 NH_3-N 含量显著降低，其中，添加 20% 的效果最好。郭玉琴等（2005）在含水量不同的紫花苜蓿（60%、70%、80%）中分别添加 0%、5%、10% 玉米粉混合青贮时发现，添加玉米粉改善了苜蓿的青贮品质，其中 70% 含水量+10% 玉米粉处理的效果最好。尽管 WSC 在发酵过程中被厌氧微生物大量消耗，但是混贮组中仍然保留有较高的 WSC 是因为玉米粉含有一定量的糖分（82g/kg DM）。Xiccato 等（1994）提出，添加玉米等谷物籽实可以增加青贮发酵的基质，因为有试验发现苜蓿与玉米混贮时其中的淀粉被消耗（Jaurena 和 Pichard，2001）。根据 Castle M

E，Watson（1985）对青贮饲料中丁酸含量界定（< 2.0 g/kg DM），本试验混合青贮虽有丁酸产生，但其量（1.78g/kg DM）并不破坏优良发酵品质。从费氏评分标准来看，混贮的饲料品质为极佳（105>80），而单贮却无饲用价值。所以，添加玉米粉可以有效改善麻叶荨麻的发酵品质。

2. 混贮对麻叶荨麻青贮发酵品质的影响

表3-9显示，麻叶荨麻青贮60d后，混贮组的pH值、NH_3-N、乙酸、丁酸含量均显著低于（$P<0.05$）单贮组，而其乳酸、丙酸含量均显著地高于（$P<0.05$）后者；混贮组的Flieg评分接近105，而单贮组仅为-10.5（$P<0.001$）。混贮显著增加了（$P<0.05$）DM和WSC含量。与玉米粉混贮显著降低了（$P<0.05$）CP、NDF和ADF含量，却增加了（$P<0.05$）DM、NDF和ADF的体外消化率；EE含量在两个处理之间无显著差异（$P>0.05$）。

表3-9　混贮对麻叶荨麻青贮发酵品质及体外消化率的影响

	处理		P值
	单贮	混贮	
Flieg 评分	-10.50±1.70[b]	105.39±6.49[a]	<0.001
干物质 DM（g/kg）	209±10.27[b]	316±16.16[a]	0.037
水溶性碳水化合物 WSC（g/kg DM）	1.85±0.06[b]	21.5±1.37[a]	0.007
粗蛋白质 CP（g/kg DM）	190±9.27[a]	168±10.16[b]	0.016
中性洗涤纤维 NDF（g/kg DM）	347±12.27[a]	276±10.52[b]	0.003
酸性洗涤纤维 ADF（g/kg DM）	280±6.27[a]	249±6.09[b]	0.008
脂肪 Ether extract（EE, g/kg DM）	16.1±1.10	14.5±0.13	0.167
干物质消化率 IVDMD（g/kg）	670±23.20[b]	778±24.06[a]	0.044
中性洗涤纤维消化率 IVNDFD（g/kg）	345±35.88[b]	468±40.02[a]	<0.001
酸性洗涤纤维消化率 IVADFD（g/kg）	329±45.00[b]	424±43.21[a]	<0.001

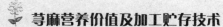

添加玉米粉青贮麻叶荨麻时，青贮饲料的 DM 含量增加。这与玉柱等（2009）试验结果一致。添加玉米粉使麻叶荨麻青贮饲料的纤维组分显著降低，主要是因为酸度快速下降加强了植物细胞壁在青贮过程中的裂解（Bolsen 等，1996）。同时，在此过程中，纤维素水解可释放出糖，所以其 WSC 含量较高。混贮麻叶荨麻中的 CP 含量较低是因为与之混合的玉米中的 CP 含量较低（197g/kg DM 相对于 8.2g/kg DM）。添加玉米粉显著提高 NDF 和 ADF 的体外消化率是因为植物细胞壁结构在青贮过程中被水解而裂解。但本试验中，混贮组发酵前 20d 的 NH_3-N 浓度较高与其中含有玉米粉有关。因为玉米中大部分非结构性碳水化合物是水溶性的，在青贮过程中易被发酵（Russell 等，1992）。这也是混贮组丙酸含量较高的原因。同时，牧草与玉米粉混贮还有很大的益处。研究发现，高水分牧草青贮时混合谷物可以改善 DM 采食量和家畜的生产性能（Nicholson 和 Mac-Leod，1996），这比直接补饲更有效，而且在一定条件下还可以减少劳动量和补饲设备的购置投入（Jones，1988）。总之，麻叶荨麻与玉米粉以 5：1（即 20%）混贮，显著改善了青贮发酵品质，减少养分在保存过程中的损失，降低青贮产品中的 NDF 和 ADF 含量、改善养分消化率，从而提高饲料利用效率。

另外，本试验玉米粉的适宜添加比例与经过多个添加梯度逐级比较而获得的结果（郭玉琴等，2005）一致。说明，在高水分牧草与玉米粉等谷物籽实混合青贮试验中（乃至生产实践中），可直接依据青贮发酵需要的适宜 DM 含量（>30%）设定二者的配合比例。

三、小结

麻叶荨麻与玉米粉以 5：1（即 20%）混合青贮，能显著加快其发酵进程，改善青贮发酵品质；同时，还能有效保存麻叶荨麻的高品质营养特性，改善家畜对植物纤维组分的利用效率。

第四章

驯化栽培

　　优质牧草资源的高效扩繁和持续供给，对于草食畜牧业发展非常重要。野生荨麻广泛分布于我国干旱半干旱地区，但仅凭分散分布的野生资源，产草量有限，不能常年稳定供给；同时从野外收集野生牧草始终是一件不容易的事情，工作量大，运费也高。这就需要对野生种进行驯化，大面积人工栽培，才能发挥其优越特性，达到为家畜生产提供高品质饲草的目的。

　　野生麻叶荨麻种子比较细小，千粒重 0.5~1.0g，小于苜蓿种子的千粒重（1.5~2.0g），但荨麻种子比较硬实。麻叶荨麻种子这么小，能否进行人工种植呢？赵山志等用浑善达克沙地采集的野生麻叶荨麻种子做了发芽试验，测定发现，野生种子发芽率为 96%，发芽势为 4d。为了进一步说明麻叶荨麻的驯化栽培情况，下面就把试验当中用育苗移栽和直接播种两种方法在牧区种植麻叶荨麻的情况及实践经验，简单介绍一下。

第一节　育苗移栽

　　2004 年 4 月 15 日采用盆栽的方法进行了麻叶荨麻的第一次育苗。播种后 6d 出苗，之后连续 7d 都有幼苗陆续出土。由于当

图 4-1　野生麻叶荨麻育苗

时气温变化较大（有时温度会降到 0℃ 以下），导致出苗不整齐。生长到 6 月 3 日时植株平均高 7cm，当日移进试验地，移栽株行距为 25cm×25cm。移栽后幼苗缓苗 3~5d 恢复正常生长。移植的幼苗生长到 9 月 25 日时处于盛花期，最高株高为 125cm，平均 90cm；分枝数最多为 22 个，平均 15 个；鲜草产量为 23t/hm^2（表 4-1）。

　　2004 年 5 月 6 日在牧户家中进行了第二次育苗，此时气候变暖，播种后出苗率高。播种后 6d 见苗，出苗整齐，4d 内出齐苗。6 月 27 日植株平均高 5cm，幼苗苗壮生长，发育良好。当天移栽到试验地，移栽株行距为 20cm×30cm。幼苗生长到 9 月 25 日时处于分枝期，植株最高为 42cm、平均 25cm；分枝数最多为 12 个，平均 10 个（表 4-1）。2004 年 7 月 10 日和 8 月 26 日分别又进行了两次移栽，植株最高分别为 22cm、25cm，平均 16cm、19cm。从这些结果不难看出，麻叶荨麻适宜早春育苗移栽。移栽当年开花，但种子不能成熟，可获得 21t/hm^2 的鲜草产量。为保证出苗整齐，早春最好采取苗床育苗。移栽时间不宜晚

图 4-2 移栽的麻叶荨麻幼苗

于 6 月。较晚移栽，虽然幼苗能够成活，但由于处于生长旺盛季的幼苗已有分枝，根系也比较大，移植时容易损伤根系，造成缓苗期长，影响正常发育。

表 4-1 育苗移栽野生麻叶荨麻的株高和分枝数 （2004 年）

移苗时间	移栽行距	性状	观察值											平均
6.3	25cm×25cm	株高（cm）	125	82	70	100	88	92	92	92	100	70		91
		分枝数（个）	22	12	12	14	2	13	14	12	13	12		15
		产鲜草量（kg/m²）												2.3
		生育期	开花期											
6.27	20cm×30cm	株高（cm）	22	24	22	42	24	32	28	24	34			25
		分枝数（个）	12	10	8	10	9	12	11	10	9			11
		产鲜草量（kg/m²）												/
		生育期	分枝期											
7.10	20cm×30cm	株高（cm）	15	19	15	16	17	14	15	13	22	15		16
8.26	20cm×30cm	株高（cm）	25	19	22	16	31	26	30	19	16			19

第二节　直播

2004 年 6 月 10 日，在桑根达来镇试验地畦内条播了麻叶荨麻。由于 6 月干燥少雨，为避免太阳直射，播后采取遮阳措施，以利于保苗。条播种的麻叶荨麻 9 月 25 日处于分枝到孕蕾期，最高株高为 45cm，平均 31cm，分枝数 7~11 个（表4-2）。

6 月 30 日在试验地穴播麻叶荨麻，每穴内播 20 粒种子。生长至 9 月 25 日处于营养期，最高株高为 10cm、平均 7.6cm，分枝数 7~11 个（表4-2）。由于麻叶荨麻种子适宜发芽温度在 23℃ 以上，一般以春季雨后播种为宜（夏季播种也可）。此时空气湿度较大，利于抓苗，种植成功率较高。播种前，深耕，整细，整平土壤，将种子拌以细土，进行条播、撒播或穴播，播种后可以不覆土。直播或移栽后应及时中耕除草，减少杂草对幼苗的侵害。

表 4-2　直播麻叶荨麻的株高和分枝数（2004 年）

直播时间	行距	性状	观察值										平均
6.10	30cm	株高（cm）	45	35	28	29	48	29	28	30	35	30	34
		分枝数（个）	7	9	10	6	8	10	11	9	8	8	9
		生育期	分枝期										
6.30	20cm	株高（cm）	5	10	7	7	10	10	7	7	6		7.6
		分枝数（个）	/	/	/	/	/	/	/	/	/		/
		生育期	营养期										

另外，试验中发现，当年播种麻叶荨麻根系发育健壮，主根长 15cm，直径 2cm，侧根 45 个，越冬芽分布在主根顶部距土壤表层 2~3cm 处。成熟麻叶荨麻主根结构形似"海绵状"，能有效地吸纳水分和营养物质，这可能是荨麻能抵御干旱的主要原因。以上试验结果肯定，麻叶荨麻完全可以进行人工驯化栽培。

参考文献

敖特根，施和平，阿荣，等.2007.内蒙古产麻叶荨麻嫩叶与嫩茎
　　的营养成分研究［J］.食品研究与开发，28（5）：143-146.

陈鹏飞，白史且，杨富裕，等.2013.添加剂和水分对光叶紫花苕
　　青贮品质的影响［J］.草业学报，22（2）：80-86.

崔友文.1959.中国北部和西北部重要饲料植物和有毒植物［M］.
　　北京：高等教育出版社.

丁武蓉，干友民，郭旭生，等.2008.添加糖蜜对胡枝子青贮品质
　　的影响［M］.中国畜牧杂志，44（1）：61-64.

范传广，刘秦华，张建国.2009.六个水稻品种饲用价值及青贮特
　　性研究［J］.草地学报，17（4）：495-499.

冯德庆，黄勤楼，李春燕，等.2011.28种牧草的脂肪酸组成分析
　　研究［J］.草业学报，20（6）：214-218.

郭金双，赵广永，冯仰廉，等.2000.甲酸对大麦青贮品质及中酸
　　性洗涤纤维瘤胃降解率的影响［J］.中国畜牧杂志，30（6）：
　　21-22.

GB/T 22223—2008.食品中总脂肪、饱和脂肪（酸）、不饱和脂
　　肪（酸）的测定水解提取—气相色谱法［S］.北京：中国标准
　　出版社.

郭玉琴，杨起简，王洪波.2005.添加不同水平的玉米粉对紫花苜蓿青贮营养成分的影响［J］.畜牧与饲料（6）：20-22.

哈斯巴根，苏亚拉图.2008.内蒙古野生蔬菜资源及其民族植物学研究［M］.北京：科学出版社.

郝正里，吴永孝，张承正，等.1993.河西半荒漠地区土草畜的微量元素营养特征［J］.草业学报，2（1）：39-44.

侯振安，李品芳，朱继正.2003.土壤脱湿过程中 NaCl 胁迫对羊草生长和矿质元素吸收的影响［J］.草业学报，12（2）：40-45.

候宽昭.1982.中国种子植物科属词典（修订版）［M］.北京：科学出版社.

胡华锋，介晓磊，刘世亮.2008.锰、硼对紫花苜蓿草产量和矿质元素含量的影响［J］.植物营养与肥料学报，14（6）：1165-1169.

江苏新医学院.1996.中药大辞典（下册）［M］.上海：上海科学技术出版社.

李清宏，高文俊，王永新，等.2012.添加剂及晾晒对多变小冠花青贮影响的研究［J］.草地学报，20（2）：363-367.

李志强，刘凤珍，卢鹏，等.2006.几种重要饲草的脂肪酸成分分析［J］.中国奶牛（10）：3-6.

刘晗璐，桂荣，塔娜.2008.乳酸菌添加剂对禾本科混合牧草青贮发酵特性的影响［J］.畜牧兽医学报，39（6）：739-745.

刘武定.1995.微量元素营养与微肥施用［M］.北京：中国农业出版社.

刘铮.1991.微量元素的农业化学［M］.北京：农业出版社.

卢德勋，张吉鹍，王旭，等.2009.饲草营养品质评定 GI 法.GB/T 23387—2009.北京：中国标准出版社.

马毓泉.1990.内蒙古植物志（第 2 版，第二卷）［M］.呼和浩特：内蒙古人民出版社.

内蒙古农业大学草原管理教研室.1989.草地经营［M］.呼和浩特：内蒙古大学出版社.

秦元满，魏恩科.2005.狭叶荨麻中10种无机元素的动态含量分析［J］.世界元素医学，12（2）：69-72.

荣辉，余成群，陈杰，等.2013.添加绿汁发酵液、乳酸菌制剂和葡萄糖对象草青贮发酵品质的影响［J］.草业学报，22（3）：108-115.

荣辉，陈杰，余成群，等.2012.添加甲酸对象草青贮发酵品质的影响［J］.草地学报，20（6）：1106-1111.

荣辉，徐安凯，下条雅敬，等.2009.初次刈割象草青贮发酵品质动态［J］.草地学报，17（4）：537-539.

王力生，齐永玲，陈芳.2013.不同添加剂对笋壳青贮品质和营养价值的影响［J］.草业学报，22（5）：326-333.

王瑞云.2003.荨麻饲喂蛋种鸡试验初报［J］.中国家禽，25（4）：47.

王文采，陈家瑞.1995.中国植物志（第二十三卷，第二分册）［M］.北京：科学出版社.

卫莹芳，王梦月，史焱，等.2001.荨麻多糖的提取及含量测定［J］.华西药学，16（6）：469.

乌尼尔，哈斯巴根.2005.内蒙古呼伦贝尔鄂温克族民间野菜资源调查［J］.中国野生植物资，24（6）：18-20.

吴建平，张利平，彼得·库勒.2001.放牧前后肉用羊体脂脂肪酸组成变化的研究［J］.草业学报，（2）：87-94.

肖玫，赵仁静.2006.苜蓿的矿物元素测定及其产业化发展前景［J］.粮油食品科技，16（1）：48-49.

邢光熹，朱建国.2003.土壤微量元素和稀土元素化学［M］.北京：科学出版社.

许长乐.1981.荨麻饲用性能及其毒副作用观察［J］.新疆农垦科技

（6）：17-18.

玉柱，李传友，薛有生.2009.萎蔫和玉米粉混合处理对紫花苜蓿袋装式青贮品质的影响［J］.中国草地学报，31（3）：83-87.

张庚华.1993.荨麻——家禽的珍贵饲料［J］.饲料工业，14（11）：31-32.

张嫚丽，李作平，贾湘曼.2005.麻叶荨麻化学成分研究［J］.天然产物研究与开发，17（2）：175-176.

张晓庆，张英俊，闫伟红，等.2013.克氏针茅草原7种植物脂肪酸组分及其变化［J］.中国草地学报，35（1）：116-120.

张盈娇.2006.荨麻部分药理作用及有效成分的研究和干姜遗传多样性研究［D］.成都：成都中医药大学.

张治安，张美善，蔚荣海.2004.植物生理学实验指导［M］.北京：中国农业科学技术出版社.

中国科学院南京土壤研究所微量元素组.1979.土壤和植物中微量元素分析方法［M］.北京：科学出版社.

周兴元，曹福亮. 2005.盐胁迫对草坪草金属离子吸收及分配的影响［J］. 南京林业大学学报（自然科学版），29（6）：31-34.

朱先进，姜子绍，马强，等.2009.不同施肥模式下潮棕壤微量元素含量及其变化状况［J］.华北农学报，24（增刊）：195-200.

邹林有.2012.青海高原麻叶荨麻主要营养物质动态变化研究［J］.辽宁林业科技（5）：20-22.

Allison K. 1996. A Guide to Alternative Therapies for Horses［M］. Bournemouth：British Association of Holistic Nutrition and Medicine.

Association of Official Analytical Chemists（AOAC）.1990. Official Methods of Analysis，15th edition［M］.Washington，DC：Association of Official Analytical Chemists.

Avondo M, Biondi L, Pagano RI, et al.2007.Feed Intake [M].In: Cannas A, Pulina G Eds.Dairy Goats Feeding and Nutrition.Wallingford, UK: CAB International: 147-160.

Avondo M, Bonanno M, Pagano R I, et al.2008.Milk quality as affected by grazing time of day in Mediterranean goats [J].The Journal of Dairy Research, 75 (1): 48-54.

Bakkena A K, Randbyb, Å T, Udénc P.2011.Changes in fiber content and degradability during preservation of grass - clover crops [J].Animal Feed Science and Technology, 168 (1/2): 122-130.

Batal A, Dale N.2007. Feedstuffs Ingredient Analysis Table [M]. Minnetonka: Miller Publishing Co.

Bernstein N, Silk W K, Iiuchli A.1995.Growth and development of sorghum leaves under conditions of NaC1 stress: Possible role of some mineral elements in growth inhibition [J].Planta, 196 (4): 699-705.

Bolsen K K, Ashbell G, Weinberg Z G.1996.Silage fermentation and silage additives: Review [J]. Asian - Australasian Journal of Animal Sciences, 9 (5): 483-493.

Broderica G A, Kang J H. 1980. Automated simultaneous determination of ammonia and amino acids in ruminal fluid and in vitro media.Journal of Dairy Science, 33: 64-75.

Cai Y M, Benni Y, Ogawa M, et al.1999.Effect of applying lactic bacteria isolated from forage crops on fermentation and characteristics and aerobic deterioration of silage. Journal of Dairy Science, 82: 520-526.

Cai Y M, Kumai S.1994.The proportion of lactate isomers in farm silage and the influence of inculation with lactic acid bacteria on the proportion of L-lactate in silage [J].Japanese Journal of Zootechny Science, 65: 788-795.

Castle ME, Watson J N.1985. Silage and milk production: studies with molasses and formic acid as additives for grass silage [J]. Grass and Forage Science, 40 (1): 85-92.

Davies D R, Merry R J, Williams A P, et al.1998. Proteolysis during ensilage of forages varying in soluble sugar content [J]. Journal of Dairy Science, 81: 444-453.

Delagarde R J, Peyraud J L, Delaby L, et al.2000.Vertical distribution of biomass, chemical composition and pepsincellulase digestibility in a perennial ryegrass sward: interaction with month and year, re-growth age and time of day [J].Animal Feed Science and Technology, 84 (1): 49-68.

Dewhurst R J, Scollan N D, Lee M R F, et al.2003.Forage feeding and management to increase the beneficial fatty acid content of ruminant products [J]. Proceedings of the Nutrition Society, 62 (2): 329-336.

Fairbairn R, Alli I, Baker B E.1998.Proteolysis associated with the ensiling of chopped alfalfa [J].Journal of Diary Science, 71 (1): 152-158.

Gregorini P, Gunter S A, Beck P A, et al.2008.Review: the interaction of diurnal grazing pattern, ruminal metabolism, nutrient supply and management in cattle [J].The Professional Animal Scientist, 24 (4): 308-318.

Griggs T C, MacAdam J W, Mayland H F, et al. 2005. Non-structural carbohydrate and digestibility patterns in orchardgrass swards during daily defoliation sequences initiated in evening and morning [J].Crop Science, 45 (4): 1295-1304.

Haigh P M.1996.The effect of dry matter content and silage additives on the fermentation of bunker – made grass silage on commercial farms in England 1984–91 [J].Journal of Agriculture Engineering Research, 64 (4): 249–259.

Hanczakowski P, Szymczyk B.1992.The nutritive value of protein of juice extracted from green parts of various plants [J].Animal Feed Science and Technology, 38: 81–87.

Henderson A R, Anderson D H, Neilson D, et al.1989.The effect of a high rate of application of formic acid during ensilage of ryegrass on silage dry matter intake of sheep and cattle [J].Animal Production, 48 (3): 663–664.

Henderson A R, McDonald P.1971.Effect of formic acid on the fermentation of grass of low dry matter content [J].Journal of the Science of Food and Agriculture, 22 (4): 157–163.

Huang G.2005.Nettle (Urtica cannabina L.) fiber, properties and spinning practice [J].The Textile Instihxte, 96 (1): 11–15.

INRA.2004.Table de composition et de value nutritive des matières premières destinées aux animaux délevage: porcs, volailles, bovins, caprins, lapins, chevaux, poisons [M].Paris: INRA Editions.

Jaurena G, Pichard G.2001.Contribution of storage and structural polysaccharides to the fermentation process and nutritive value of lucerne ensiled alone or mixed with cereal grains [J].Animal Feed Science and Technology, 92: 159–173.

Jones B A, Satter L D, Muck R E.1992.Influence of bacterial inoculant and substrate addition to Lucerne ensiled at different dry matter contents [J].Grass and Forage Science, 47 (1): 19–27.

Jones D I.1988.The effect of cereal incorporation on the fermentation of spring and autumn-cut silages in laboratory silos [J].Grass and Forage Science, 43 (2): 167-172.

Kafkafi U.1984.Plant Nutrition under Saline Conditions [M].In: Shainberg, shalhevet J.eds.Soil Salinity Under Irrigation.Springer-Veriag, Bertin: 319-331.

Kaiser E, Wei K.2005.A New System for the evaluation of the fermentation quality of silages [C].In: Park R S, Stronge M D edit. Proceedings of the XIV international silage conference, a satellite workshop of the XXth international grassland congress. Bellast, Northern Ireland: 275.

Kennedy S J.1990.An evaluation of three bacterial inoculants and formic acid as additives for first harvest grass [J].Grass and Forage Science, 45 (3): 281-288.

Kilica.1986.Silage Feed [M].Izmir, Turkey: Bilgehan Press.

Kohler H P, Futers T S, Grant P J. 1999. Prevalence of three common polymorphisms in the a-subunit gene of factor XIII in patients with coronary artery disease. Association with FXIII activity and antigen levels [J]. Thrombosis and Haemostasis, 81 (4): 511-515.

Kraus R, Spiteller G.1990.Gas chromatography/mass spectrometry of rimethylsilylated phenolic glucosides from roots of *Urtica dioica* [J].Liebigs Annual Chemistry, 12: 1205-1213.

Kung L Jr, Taylor C C, Lynch M P, et al. 2003. The effect of treating alfalfa with Lactobacillus bunchneri 40788 on silage fermentation, aerobic stability, and nutritive value for lactating dairy cows [J].Journal of Dairy Science, 86 (1): 336-343

Licitra G, Meman T M, Van Soest P J.1996.Standardization of procedures for nitrogen fractionation of ruminant feed [J]. Animal

Feed Science and Technology, 57: 347-358.

Lima R, Lourenc O M, Díaz R F, et al.2010.Effect of combined ensiling of sorghum and soybean with or without molasses and lactobacilli on silage quality and in vitro rumen fermentation [J].Animal Feed Science and Technology, 155 (2/4): 122-131.

Lindgren, S E, Axelsson L T, Mcfeeters R F.1990.Anaerobic L-lactate degradation by Lactobacillus Plantarum [J]. FEMS Microbiol Letters, 66: 209-214.

McDonald P, Henderson A R, Herson S J E.1991.The Biochemistry of Silage.2nd edition [M].Marlow: Chalcombe Publisher.

Moore J E, Undersander D J.2002.Relative forage quality: An alternative to relative feed value and quality index//Proceeding 13th Annual Florida Ruminant Nutrition Symposium [M].Gainesville: Gainesville, FL.University Florida: 16-32.

National Research Council (NRC). 1988. Nutrient Requirements of Dairy Cattle, 6th edition [M]. Washington, DC: National Academy Press.

National Research Council (NRC). 1996. Nutrient Requirements of Beef Cattle, 7th revised edition [M].Washington, DC: National Academy Press.

Neugebauer W, Schreier P.1995.Identification and enantiodifferentiation of C^{13} norisoprenoid degradation products of glycosidically bound 3-hydroxy-a-ionol from stinging nettle (*Urtica dioica* L.) [J].Journal of Agricultural and Food Chemistry, 43 (5): 1647-1653.

Nicholson J W G, MacLeod L B.1996.Effect of form of nitrogen fertilizer, a preservative and a supplement on the value of high moisture grass silage [J].Canadian Journal of Animal Science, 46 (2):

71-82.

Nuernberg K, Dannenberger D, Nuernberg G, et al.2005.Effect of a grass-based and a concentrate feeding system on meat quality characteristics and fatty acid composition of Longissimus muscle in different cattle breeds [J]. Livestock Production Science, 94: 137-147.

Peumans WJ, De Ley M, Broekaert WF. 1984. An unusual lectin from stinging nettle (Urtica dioica) rhizomes [J].Physical Plant, 177 (1): 99-103.

Phillip L E, Underhill L, Garino H.1990.Effects of treating Lucerne with an inoculum of lactic acid bacteria or formic acid upon chemical changes during fermentation, and upon the nutritive value of the silage for lambs [J].Grass and Forage Science, 45: 337-344.

Phillips R, Foy N. 1990. The Random House Book of Herbs [M]. New York, NY: Random House.

Playne M J, McDonald P.1966.The buffering constituents of herbage and silage [J].Journal of the Science of Food and Agriculture, 17 (6): 264-267.

Ponnampalam E N, Butler K L, Jacob R H, et al.2014.Health beneficial long chain omega-3 fatty acid levels in Australian lamb managed under extensive finishing systems [J]. Meat Science, 96 (2): 1104-1110.

Ramm S, Hansen C.1995.Brennessel-Extract beirheuma-tischen Beschwerden [J].Dtsch Apoth Ztg, 135 (supplement): 3-8.

Realini C E, Duckett S K, Brito G W, et al.2004.Effect of pasture vs.concentrate feeding with or without antioxidants on carcass characteristics, fatty acid composition, and quality of Uruguayan beef

[J].Meat Science, 66: 567-577.

Repetto J L, Echarri V, Aguerrel M, et al.2011.Use of fresh cheese whey as an additive for lucerne silages: Effects on chemical composition, conservation quality and ruminal degradation of cell walls [J]. Animal Feed Science and Technology, 170 (3/4): 160-164.

Riehemann K, Behnke B.Schulze O K.1999.Plant extracts from nettle (Urtica dioica), an antirheumatic temedy inhibit the proinflammatory transcription factor NF－KB [J]. FEBS Letters, 442 (1): 89-94.

Rinne M, Jaakkola S, Huhtanen P.1997. Grass maturity effects on cattle fed silage-based diets.1.Organic matter digestion, rumen fermentation and nitrogen utilization [J]. Animal Feed Science and Technology, 67 (1): 1-17.

Rowe A, Macedo F A F, Visentainer J V, et al.1991.Muscle composition and fatty acid profile in lambs fattened in drylot or pasture [J].Meat Science, 51: 283-288.

Russell J R, Irlbeck N A, Hallauer A R, et al.1992.Nutritive value and ensiling characteristics of maize herbage as influenced by agronomic factors [J]. Animal Feed Science and Technology, 38 (1): 11-24.

Schottner M, Gansser D, Spiteller G.1997.Lignans from the roots of Urtica dioica and their metabolites bind to human sex hormone binding globulin (SHBG)   [J]. Planta Medica, 63 (6): 529-532.

Sibanda S, Jingura R M, Topps J H.1997.The effect of level of inclusion of the legume desmodium uncinatum and the use of molasses or ground maize as additives on the chemical composition of grass-

and maize-legume silages [J].Animal Feed Science and Technology, 68 (3): 295-305.

Sinclair L A. 2007. Nutritional manipulation of the fatty acid composition of sheep meat: a review [J].Journal of Agricultural Science, 145 (5): 419-434.

Siscovick D S, Raghunathan T E, King I, et al.1995.Dietary intake and cell membrane levels of long-chain n-3 polyunsaturated fatty acids and the risk of primary cardiac arrest [J]. JAMA, 274 (17): 1363-1367.

Smith L H.1962.Theoretical carbohydrate requirement for alfalfa silage production [J].Agronomy Journal, 54 (4): 291-293.

Tilley J M A, Terry R A.1963.A two-stage technique for the in vitro digestion of forage crops [J].Journal of the British Grassland Society, 18 (2): 104-111.

Tita B. 1993. *Urtica dioica* L.: Pharmacological effect of ethanol extract [J].Pharmacol Research, 27: 21-22.

Toldy A, Stadler K, Sasvarid M. 2005. The effect of exercise and nettle supplementation on oxidative stress markers in the rat brain [J].Brain Research Bulletin, 65: 487-493.

Tosi H, Oliveira M D S, De Bonssi I A, Sampaio A A M.1994.Evaluation of lucerne silage under different treatments [J].Revista da Sociedade Brasileira de Zootecnia, 23: 305-310.

Touqir N A, Khan M A, Sarwar M, et al.2007.Influence of varying dry matter and molasses levels on berseem and lucerne silage characteristics and their in situ digestion kinetics in Nili buffalo bulls [J]. Asian-Australasian Journal of Animal Sciences, 20 (6): 887-893.

Vaitiekunas W, Abel H. 1993. Impact of lactic acid bacteria as a silage additive on the feeding value of grass silage for dairy cows [J].Agribiol Research, 46 (2): 4588-4601.

Van Soest P J, Robertson J B, Lewis B A.1991.Methods for dietary fiber, neutral detergent fiber, and nonstarch polysaccharides in relation to animal nutrition [J].Journal of Dairy Science, 74 (10): 3583-3597.

Wang J, Wang J Q, Zhou H, et al.2009.Effects of addition of previously fermented juice prepared from alfalfa on fermentation quality and protein degradation of alfalfa silage [J].Animal Feed Science and Technology, 151 (3-4): 280-290.

Woolford M K.1984.The Silage Fermentation M].Marcel Dekker Inc, New York, NY.

Xiccato G, Cinetto M, Carzzolo A, et al.1994.The effect of silo type and dry matter content on the maize silage fermentation process and ensiling loss [J].Animal Feed Science and Technology, 49 (3-4): 313-323.

Yarnell E.1998.Stinging nettle: A modern view of an ancient healing plant [J]. Alternative and Complementary Therapies, 4: 180-186.

Zhang J G, Cai Y M, Kobayashir R, et al. 2000. Characteristic of lactic acid bacteria isolated from forage crops and their effects on silage fermentation [J].Journal of the Science of Food and Agriculture, 80 (10): 1455-1460.

Ziaei N, Molaei S.2010.Evaluation of nutrient digestibility of wet tomato pomace ensiled with wheat straw compared to alfalfa hay in Kermani sheep [J].Journal of Animal and Veterinary Advances, 9 (4): 771-773.

后 记

　　无论是作为医药或食材，还是饲料，麻叶荨麻及其家族成员都是一种非常有特色的植物。作为传统药用植物，世界各国都在广泛应用，特别是德国，用异株荨麻研发出多种治疗 BPH 的专利产品。将其作为食材，可以做成各种特色菜肴，如凉菜、汤菜、烤菜及荨麻饮料、荨麻汁等，而荨麻籽油更是味道独特，富含多种不饱和脂肪酸，有强身健体的功能。作为饲料，荨麻属植物蛋白质、维生素和矿物质含量高，营养价值堪比"牧草之王"苜蓿。

　　俄罗斯西伯利亚农科所维克托·博加奇科夫用 25 年的研究经历告诉我们："荨麻很有价值，应当广泛用作饲料，大力开辟专门的荨麻种植场"。俄罗斯及哈萨克斯坦、吉尔吉斯斯坦等国有荨麻 400 多万 hm^2。我国荨麻资源丰富，亟待研究和开发利用。建议立足地方资源优势，加大力度开发利用天然荨麻资源，提高本土优势资源利用率。重点解决荨麻的人工栽培问题，研究人工引种、扩繁、栽培技术，建立人工荨麻种植科技示范基地，从而提高草产量。只有这样，才能真正发掘出荨麻的资源优势与经济价值，培育地方特色农业，提高本土优质饲草自给水平。